一片叶子落入水中

王旭烽 著

浙江大学出版社
·杭州·

图书在版编目（CIP）数据

一片叶子落入水中 / 王旭烽著. -- 杭州：浙江大学出版社, 2025.4（2025.5重印）. -- ISBN 978-7-308-26060-2

Ⅰ．TS971.21

中国国家版本馆CIP数据核字第2025LZ9349号

一片叶子落入水中
王旭烽　著

策划编辑	张　琛　卢　川
责任编辑	张　婷　顾　翔
责任校对	陈　欣
封面设计	violet
出版发行	浙江大学出版社
	（杭州市天目山路148号　邮政编码 310007）
	（网址：http://www.zjupress.com）
排　　版	杭州林智广告有限公司
印　　刷	杭州钱江彩色印务有限公司
开　　本	880mm×1230mm　1/32
印　　张	12.125
字　　数	217千
版 印 次	2025年4月第1版　2025年5月第4次印刷
书　　号	ISBN 978-7-308-26060-2
定　　价	78.00元

版权所有　侵权必究　　印装差错　负责调换

浙江大学出版社市场运营中心联系方式：0571-88925591；http://zjdxcbs.tmall.com

写在前面的话

  一片叶子落入水中，改变了水的味道，茶，就这样诞生了。

  亲爱的朋友，捧起手中这盏茶，是否预感到——我们已经开始了神奇的生命之饮。浸润在茶水中的每一枚茗叶，一面布满了真理的科学脉络，另一面涵藏着丰富的文化甘露，是大自然恩赐于全人类的文明瑰宝。

  茶是一种多年生常绿木本植物，生长在中国西南云、贵、川——那山岭重叠、河川纵横、气候温湿、地况古老的亚热带与热带原始森林。经七八千万年岁月历练，被5000年前的中华先民发现——茶成为蕴藏人类文明基因和密码的精神饮料，开启了人类与茶休戚与共的历史，形成了华夏民族的文化符号。

  要了解茶与人类关系的来龙去脉，且让我们就此进入它们的世界，进行追溯与瞻望吧。

  茶，作为一种饮食用品，与人类的关系，首先取决于茶与生俱来的植物基础，对茶叶的了解自当从对茶树的了解开始。所以，什么是茶树，正是我们首先要回答的问题。

乔木型茶树树形高，主干粗大，枝部位高，大多为野生古茶树。今天依旧在云南等地生长的野生古茶树，有的高达十多米，堪称茶树中的巨无霸。这些古茶树的树龄可达数百年至上千年，它们如高士般隐藏在深山，被人们当作神物一般崇拜。

半乔木型又称小乔木型茶树，分布于热带或亚热带地区，属于进化类型。而灌木型茶树相对于"巨无霸"乔木型，则可被称为茶中的"瑞草魁"了。这一雅号来自唐代诗人杜牧《题茶山》的"山实东吴秀，茶称瑞草魁"，这正是我们今天普遍看到的人工栽培灌木茶园。

在距今约7000年的余姚河姆渡文化层中，人们发现了人工栽培的古茶树遗存。而在中国云南，最具代表性的是一株澜沧县邦崴野生茶树，树龄已有1000余年，高近12米，此树被称为"栽培型野生茶"，是从野生茶树上移植下来的。

我们的先民在采集与渔猎的上古时期发现了茶，它枝嫩无毛，树叶革质，食之苦而无毒，可药用食用，但最适合饮用。从野生到移植、种植，从同树种有性繁殖、无性繁殖到不同树种杂交繁殖，从"巨无霸"到"瑞草魁"，从亚洲到五大洲，人类与茶走过了数千年的历程。

说到茶的生产地域，人们总会想到神奇纬度上的"黄金茶带"。都说北纬30°上下波动5°所覆盖的范围神奇壮丽，被称为地球的脐带。这里的气候条件，特别适合茶树生长。亚热带季风气候，湿润多雨，气候温和，植被茂盛，茶树有效光合作用较强，新梢持嫩性好，内含物质丰富。

毫无疑问，没有人类的栽培，就没有今天的茶。人类在一片茶叶中留下的印记，在悠久的历史中一一得以呈现。

据国际茶叶委员会2018年统计：全世界有60多个国家和地区种茶，几乎每3个国家和地区中就有1个国家和地区种茶；世界茶树种植面积约为490万公顷；2018年世界茶叶总产量为585万吨，消费量为567万吨。到2020年，全球茶叶消费量已超600万吨。

天时，地利，人和，茶就是这样和人类构成命运共同体，建立起亲密无间的关系，融入全球产业和人民生活。

目 录

写在前面的话 / 1

第一章 一片茶叶的植物品质

第一节 从"巨无霸"到"瑞草魁" / 002

第二节 茶的天时、地利与人和 / 005

第二章 茶叶家族

第一节 最早的茶类是绿茶 / 021

第二节 红叶红汤说红茶 / 024

第三节 绽放在绿与红之间的青 / 031

第四节 因热化而闷黄的茶 / 041

第五节 绿妆素裹银白茶 / 048

第六节 山间马背渥黑茶 / 054

第三章 何须魏帝一丸药

第一节 茶与中西医文化的契合 / 066

第二节 茶的药效功能 / 069

第三节 茶的化学成分 / 072

第四节 现代医学证实下的茶药效 / 074

第五节 茶与养生 / 077

第六节 如何科学地喝茶 / 079

第四章 饮之时义远矣哉

第一节 唐以前茶的药、食、饮用 /084

第二节 鼎盛年华的唐煮茶 /087

第三节 登峰造极的宋代点茶 /093

第四节 精彩纷呈的瀹沏时代 /099

第五章 青枝绿叶走天涯

第一节 扶桑之国的千年茶气 /115

第二节 大西洋上的茶帆船 /120

第三节 诞生了下午茶的饮茶大国 /130

第四节 倾倒的茶与燃烧的导火索 /135

第五节 亚洲的茶传播 /139

第六节 非洲的茶与饮茶习俗 /143

第六章 事茶的精道与品饮的浪漫

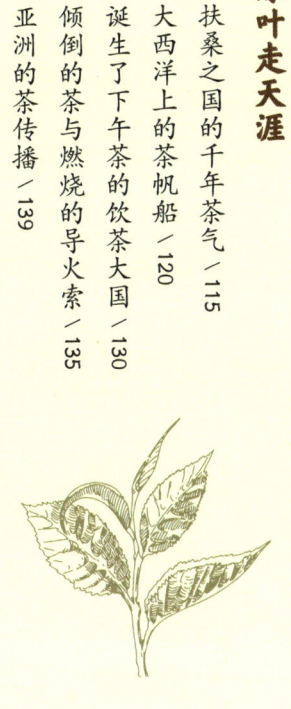

第一节 烹（煮、煎）、点、泡的茶技艺 /159

第二节 水为茶之母 /163

第三节 活水还须活火烹 /167

第四节 品茶过程的艺术 /170

第五节 器为茶之父 /175

第六节 国外的著名茶器具样式 /188

第七章 品茶中的人文教化

第一节 什么是茶道 \ 204
第二节 儒家文化与茶 \ 207
第三节 道家文化与茶 \ 212
第四节 佛教文化与茶 \ 213
第五节 中和是完好呈现 \ 218
第六节 日本茶道 \ 220
第七节 韩国茶礼 \ 225

第八章 柴米油盐酱醋茶

第一节 中华民族茶饮习俗 \ 232
第二节 各主要饮茶国习俗 \ 238
第三节 中国各民族婚姻茶俗 \ 258
第四节 节日茶俗 \ 266
第五节 茶生活习俗 \ 273

第九章 琴棋书画诗酒茶

第一节 茶与诗歌 / 286

第二节 茶与散文 / 299

第三节 茶与小说传奇 / 302

第四节 茶与民间文学 / 305

第五节 茶与美术 / 309

第六节 茶与书法 / 315

第七节 茶与歌舞 / 319

第八节 茶与戏曲 / 322

第十章 绿香满路永日忘归

第一节 身心游历茶山水 / 330

第二节 寺院与道观中的茶旅游 / 346

第三节 游走在茶空间中品味 / 352

第四节 一叶茶舟绕全球 / 361

第一章

一片茶叶的植物品质

茶作为一种饮品，与人类的关系，首先取决于茶与生俱来的植物基础，对茶叶的了解自当从对茶树的了解开始。什么是茶树，正是我们首先要回答的问题。

第一节
从"巨无霸"到"瑞草魁"

在植物分类系统中，茶树是多年生常绿木本植物，种子植物中的被子植物门，而被子植物正是当今世界植物界中，最晚出现、最具生命力的植物类群。茶树属于双子叶植物纲，山茶科，山茶属。瑞典植物学家林奈在1753年出版的《植物种志》中，将茶树的最初学名定为 Thea sinensis L.，其中"sinensis"是拉丁文"中国的"的意思，借此说明茶树是原产自中国的一种山茶属植物。

茶的分类体系共有三级，它们是型、类、种。

第一级是"型"，其分类性状为树型，以天然成长情况下植株的高度和分枝习性而定，分为乔木型、半乔木型（小乔木型）、灌木型。

乔木型茶树树形高，主干粗大，枝部位高，大多为野生古茶树。中国唐代茶圣陆羽在其茶学专著《茶经·一之源》首篇开宗明义地说："茶者，南方之嘉木也，一尺、二尺乃至数十尺。其巴山峡川，有两人合抱者。"陆羽所指的"两人合抱者"，正是乔木型茶树，即原始茶树类型。今天依旧在云南原始森林中生长的野生古茶树，有的高达十多米，堪称茶树中的"巨无霸"。其植株高大，叶片亦大，长度范围为 10～26 厘米，多数品种叶长在 14 厘米以上。这类茶树分布在茶树原产地的自然区域，即中国热带或亚热带地区。

野生大茶树是有高度人文内涵的植物。据不完全统计，中国目前已有 10 个省区近 200 余处发现野生大茶树。这些乔木型茶树有的高达 30 米，基部树围 1.5 米以上，树龄可达数百年至上千年。它们如高士般隐藏在深山，被人们当作圣物一般崇拜，有不少还被列入文物保护系列。

在众多古茶树中，有三株大茶树尤其典型，它们是云南西双版纳勐海县南糯山人工栽培约 800 年树龄的南糯山大茶树；普洱市澜沧拉祜族自治县邦崴村树龄约千年的栽培型野生大茶树；西双版纳勐海县巴达山原始森林中约 1700 年树龄的巴达原始大茶树——1961 年发现的这株大茶树，树高为 32.12 米，可谓雄居西南、直入云天了，可惜后来被狂风刮折，只有十数米高了。

半乔木型又称小乔木型茶树，亦分布于热带或亚热带地区，属于进化类型。茶树植株较高大，植株上部主干不明显，分枝部位离地面较近，分枝较稀，叶片较大，但比乔木型小，大多数品种叶片长度在 10～14 厘米，抗逆性较乔木型强。

/ 为了纪念澜沧邦崴古茶树的发现，邮电部于 1997 年 4 月 8 日发行《茶》邮票一套四枚，第一枚《茶树》就是澜沧邦崴古茶树，面值 50 分

而灌木型茶树相对于"巨无霸"乔木型，则可被称为茶中的"瑞草魁"了，这正是我们今天普遍看到的人工栽培灌木型茶树。灌木型茶树属于进化类型，品种最多，主要分布于亚热带地区。植株基部分枝，分枝密而叶片小，叶片长度范围大，在 2.2～14.0 厘米，大多在 10 厘米以下。

从"巨无霸"到"瑞草魁",从野生到移植、种植,从有性繁殖、无性繁殖到杂交繁殖,从亚洲到五大洲,人类与茶走过了漫长的岁月历程。

第二节
茶的天时、地利与人和

地球自诞生以来,有多少物种历经劫难,有的灰飞烟灭,有的成为考古标本,有的却幸运地繁衍至今,造福人类。其中茶是幸运的,而茶的幸存与发展,离不开天时、地利与人和。在对的时间和环境里,人类与茶相伴,实现了一个堪称伟大的创造。

一 关于茶的天时

我们已知,茶树喜温耐湿,喜漫射光,最适宜温度为 20~25℃,年需水量 1000 毫米以上。但茶的这种天然特性并非大自然的慷慨赐予,实乃物竞天择下的生存所需,依靠的是茶在各种不同生存环境下的与时俱进及强大的应变能力。

英国自然科学家达尔文在《物种起源》中提出这样一个观点:同一个种的个体,虽然现在生活在相隔很远的、互相隔离的区域中，但必然曾经出自同一地点。这一地点就是它们祖先最初生活的地方。这里的"祖先最初生活的地方"必然是在同一地点，它们的生存环境也必然相同。然而，茶终究还是从中国西南这一原点走向了远隔千山万水的区域。我们可以想象这样跨区域的生存经历了怎样的水深火热的劫难。所以，茶必然是在积极适应外部世界的前提下，茁壮成长并遍及天涯的物产。

古茶树起源于七八千万年前，即地质时代中生代，分布在地球古大陆的热带和亚热带地区。在喜马拉雅运动发生前，这里气候炎热，雨量充沛，是当地古热带植物（包括茶在内）区系的大温床。然而自第四纪以来，地球历经多次冰河期，这对茶树造成极大灾难，好在中国西南一带受冰河期灾害较轻，遂成为古热带植物区系的避难所，此区域保存下来的野生大茶树也最多，它们在适应环境后出现了变异，既有乔木型、小乔木型和灌木型茶树，又有大叶种、中叶种和小叶种茶树。专家们建构的茶分类体系第二级便也随之而出。

我们已知茶分类体系第一级为"型"，第二级便称为"类"。"类"的分类性状为叶片的大小，按叶片大小可将茶树分为特大叶、大叶、中叶和小叶。特大叶长14厘米、宽5厘米；大叶长 10～14 厘米、宽 4～5 厘米；中叶长 7～10 厘米、宽 3～4 厘米；小叶长 7 厘米、宽 3 厘米左右。茶农一般将茶叶分为大叶种和小叶种两类。

茶树的这种变异是由地质变迁决定的。近 100 万年以来，云贵高原不断上升，川滇河谷不断下切，两者之间的绝对高差竟达 5000～6500 米，那起伏跌宕的群山和纵横交错的河谷，形成了众多小地貌区和小气候区，将原来生长在这里的野生大叶种茶树逐渐分置到了热带、亚热带和温带气候之中，从而使茶树原种逐渐延伸、分化，最终出现了茶树的种内变异。通过自然筛选，凡向着温暖湿润方向发展的，就演变成热带型和亚热带型的大叶种和中叶种茶树；凡向着寒冷干旱方向发展的，就成了温带型的中叶种和小叶种的灌木型茶树——它们都是在茶树自身与大自然在漫长岁月的较量中形成的。

二 关于茶的地利

至于说到茶的地利，人们总会想到神奇纬度上的"黄金茶带"。都说北纬 30° 上下波动 5° 这一范围被称为"地球的脐带"，而茶，正是诞生在北纬 30° 上的奇迹。北纬 30° 不但贯穿四大文明古国，也贯穿茶叶的主要生产区域。茶叶最早的栽培利用发源地及中国十大名茶产区都在这个纬度带上,而印度著名的大吉岭茶区也就在北纬27°左右。虽然今天全球茶区已远远超过了这一纬度范围,地理分布上已经北抵北纬49°的乌克兰外喀尔巴阡以南,南至南纬22°的南非纳塔尔以北的广阔区域。不过最优秀的茶叶品种,还是生长在这条北纬30°左右的"黄金茶带"上。

北纬30°为什么会产出优质茶叶呢?科学家们经过研究得出以下结论。

一是由于地球板块碰撞产生的奇异地貌和土壤母质——按板块构造理论,地球岩石圈由六大板块组成,其中有五大板块的交界处就在北纬30°附近。板块在漂移过程中形成了奇特的地貌,如青藏高原、东南丘陵等。其中不少山区有复杂的地形影响着气候和土壤,有一定海拔高度保证茶树所需的空气湿度和降水量,有合理的地形和坡度,有昼夜的大温差,有微量元素丰富的土壤,所有的这一切,构成了茶树最好的生长地。

二是北纬30°的气候条件,塑造了茶树生长所需的环境。中国长江以南地区属于亚热带季风气候,湿润多雨,气候温和,植被茂盛,茶树有效光合作用较强,新梢持嫩性好,内含物质丰富,茶多酚与氨基酸之比在10左右。这种气候条件被认为是优质绿茶的理想条件。

三是生物多样性带来良好的生态环境。北纬 30°适宜的气候条件和复杂的地质条件，造就了生物种类的多样性。例如中国位于这一纬度的神农架、卧龙山、壶瓶山自然保护区和雅鲁藏布江大峡谷，被誉为"生物基因库"。生物多样性对于茶产区来说，意味着植被丰富、土壤肥沃，鸟类、蜘蛛等茶树害虫的天敌较多，所以茶树抗病、抗虫能力较强，茶园中生物自身调节功能也比较健全。

三 关于茶的人和

毫无疑问，无论茶树自身多么顽强，没有人类的栽培，就没有今天的茶。人类在一片茶叶中留下的印记，在悠久的历史中一一得以呈现。

早在距今 7000 余年的余姚河姆渡文化层中，人们就发现了人工栽培的古茶树遗存。而在中国云南，最具代表性的是一株澜沧县邦崴野生茶树，树龄已有 1000 余年，高近 12 米，此树被称为栽培型野生茶树，是从野生茶树上移植下来的。

其实，在人类懂得栽培利用之前，茶树都是野生的。即使现今，也还有半野生的茶树。如居住在云南省楚雄、南华哀牢山等地的彝族同胞，都有去林中挖掘野茶苗栽种的习惯。如今广为栽培的景谷大白茶、勐库大叶茶、凌云白毫茶、乐昌白毛茶、海南大叶茶、崇庆枇杷茶、桐梓大茶树等，早年均是野生茶树。还有一种栽培型古茶树，被称为家茶，树高能达3米以上。这种茶多年来几乎无人采摘，大叶种、中叶种、小叶种同时掺杂其中。云南景迈山的古茶林文化景观，甚至在2023年被列入联合国《世界遗产名录》。

　　茶树的进化离不开人类对茶的认识。我们的先民在采集与渔猎的上古时期发现了茶，其叶食之苦而无毒，可药用食用，但最合适饮用。后来人类渐知，茶树叶可制茶，种可榨油，木可用于园艺，树龄可达数百年，经济年龄可达四五十年。诚如茶叶与水沏出的那杯茶汤一样，茶就是如此这

第一章　一片茶叶的植物品质

/ 云南普洱景迈山古茶树林

般地与人类构成命运共同体，融入全球的产业和人民生活。

如何让茶树种得更好呢？人类开始关注在怎样的地形和土壤上种茶最好。深山出好茶，茶树宜种山间，海拔1000米以下的山区，雨量充沛，云雾多，空气湿度大，漫射光强，朝南山坡种茶最好。土壤要求疏松，渗透和排水良好，以含有相当数量腐殖质的红壤、黄壤及微灰化的红壤种茶为宜。这些土壤的特点是质地疏松，易于耕作，含有较多铁、铝等氧化物。茶树喜欢酸性，适合生长在pH值在4.5～6.5的土壤中。多施有机肥料，改良土质，提高土壤肥力，才能不断地获得高产优质的芽叶。

水是茶树生长的重中之重，年降雨量在1500毫米左右，不足和过多都有影响。茶树需要的是温柔的雨水的抚慰，有云雾就有水，这就是高山云雾茶品质上乘的原因。

万物生长靠太阳，光照是茶树生存的首要条件，不能太强也不能太弱，漫射光是最科学合理的光照，所以陆羽说茶树种植的最好条件是"阳崖阴林"。

温度是茶树生命活动的基本条件，包括空气温度和土壤温度。气温影响树叶，地温影响根系。茶树生长的起点温度一般稳定在10℃以上；最适温度是20～30℃；茶芽越冬休眠时，若温度低至零下10℃，茶树肯定要遭受冻害。

当茶人们摸索出更科学的茶树生长规律时，相应的栽培方式便应运而生。人类对茶的培育首先是解决如何栽培的问题。长久以来，人们都是用茶籽进行繁殖的，比如陆羽在《茶经》中就曾说种茶"凡艺而不实，植而罕茂，法如种瓜，三岁可采"，意思是凡种植技术不扎实的，即使种植了也不会长得茂盛。种茶倘若能像种瓜那样悉心，三年就能采摘茶叶。唐代种瓜都是穴播，就是在地上挖坑把种子埋了，种茶便也如法炮制。可以说，明代以前的茶树繁殖，采用的都是直播和床播育苗，也就是带根栽培育苗移植法，可知古代茶树栽培和繁殖大多采用种子繁殖。

清代，中国人发明了茶树的压条技术来繁殖名贵茶树品种，茶树的嫁接、扦插等无性繁殖和培育的方法也同时出现。插枝是清代开始应用的比较广泛的无性繁殖技术。浙江安吉县20世纪90年代成功对一株白茶进行无性繁殖，如今已扩展成了几十万亩，真是一片叶子富了一方百姓。

合理密植茶树也是人类的发明。一般采用单行条植法，根系带土移栽，适当深埋，使植株生长健壮，发育良好，抗病虫能力相应提高。茶树种植后约3年起可少量采收，10年后达盛产期。为了便于采摘，人们看到的大多数茶园的茶树都被剪到人体腰部的高度，所以如今量产茶叶的茶园中的茶树均已变成矮丛型。

/ 浙江松阳茶场，是中国最大的茶商集市，也是松阳香茶和松阳银猴茶的产地。每年三月，全国的茶商便云集于此

以科学手段防治病虫害，是人类在茶树生长中采取的重要举措。早期的人类，对茶树的病虫害是几乎一筹莫展的。随着科学技术的介入，人们开始在这方面发力，并取得了良好的效果。传统的手法中，修剪和清园是必不可少的环节，生物防治更是一项对人畜安全、对茶叶和环境无污染且能降低成本的重要防治措施。在不得不使用化学防治手段的情况下，要严格按防治指标用药。

研发新产品需要培育优越的茶品种。人们在长期饮茶的过程中感知了许多不同的风味，发现大叶种茶类的茶多酚等物质含量比小叶种茶类高出5%～8%，而小叶种茶类的胡萝卜素、叶黄素含量高，可制高香茶叶，故名优绿茶大多属于中、小叶种。这样，茶树的第三级分类体系也就被构建出来了，也就是"种"。

茶树的"种"，不同于植物分类学上的种，乃是指种类或品系，分类性状主要依发芽时期头轮营养芽开采期所需的活动积温[1]而定。

---

1 活动积温：作物某时段或某生长季节内逐日活动温度的总和，是表征一地的热量资源、作物生长发育对热量要求的主要指标。

根据专家们对全国主要茶树品种营养芽物候学的观察结果，将第三级分类系统做如下划分：一为早芽种，其发芽期早，头茶开采期活动积温在 400℃以下；二为中芽种，发芽期不早不晚，头茶开采期活动积温在 400～500℃；三为迟芽种，发芽期迟，头茶开采期活动积温在 500℃以上。

茶树的品种成千上万，但常见的也并不是很多，人们在哪个山头选择哪个品种来栽种哪一类茶，都需要丰富的经验来判断。比如抗寒性强的品种就有祁门种、黄山种、龙井 43、迎霜、青峰、乌牛早、都匀毛尖、福建水仙、福安、政和大白茶等数十种。茶树中还有一类传统品种，人们往往会根据它的特点生产出独特的茶来，因此这类茶的品质非常独特，例如人们熟知的青心乌龙、硬枝红心、铁观音、水仙、佛手等。还有一些改良品种，如从印度移植来的阿萨姆。还有因增产、耐害、早采等需要自行研发的新品种，如金萱、翠玉等。许多优良品种都是培育出来的，比如适制白茶品种的早芽种福鼎大白茶、福鼎大毫茶等；适制乌龙茶品种的早芽种黄旦、茗科一号、丹桂等；中芽种有铁观音、佛手、白芽奇兰等，迟芽种有肉桂、本山、杏仁等；而变种的则有白毛茶、香花茶；等等。

/ 西藏林芝易贡茶场

    世界上有60多个国家和地区引种了茶树，无论是国外还是国内，事茶人都会对茶品种的栽培提出各自的要求。比如印度洋上的岛国斯里兰卡为重要的茶叶出口国，位于北纬5°55′～9°50′；而非洲产茶大国肯尼亚则位于北纬5°～南纬4°；中国西藏的易贡茶场，海拔4000米；世界最北的茶区在乌克兰外喀尔巴阡以南，位于北纬49°。想一想，如果没有人类改良茶种，进行栽培，茶如何能在五洲四海站住脚跟，茶汤又如何能够端上茶席？不妨说，茶树的多样品种，就是在人们数千年的栽培与改良中诞生的。

综上所述，人与茶同行至今，既离不开茶的天然优势，也离不开人对茶的呵护。今天，全世界有60多个国家和地区种茶，有100多个国家的几十亿人口饮茶；2020年，世界茶树种植面积约为509万公顷；2022年，世界茶叶总产量为568万吨。目前，全球十大茶叶生产国分别是中国、印度、肯尼亚、斯里兰卡、土耳其、印度尼西亚、越南、日本、伊朗、阿根廷。

天时，地利，人和，茶就这样和人类建立起亲密无间的关系。

第二章

茶叶家族

茶叶世界虽然琳琅满目，但只要掌握系统分类，便可顺势而入。1979年，中国安徽大学农学院的陈椽教授撰写了《茶叶分类的理论与实际》一文，以茶叶变色理论为基础，依据以往历史上茶叶加工工艺的不同和发酵程度的高低，系统地把茶叶分为绿茶、白茶、黄茶、青茶、红茶和黑茶六大茶类。按各类茶叶叶绿

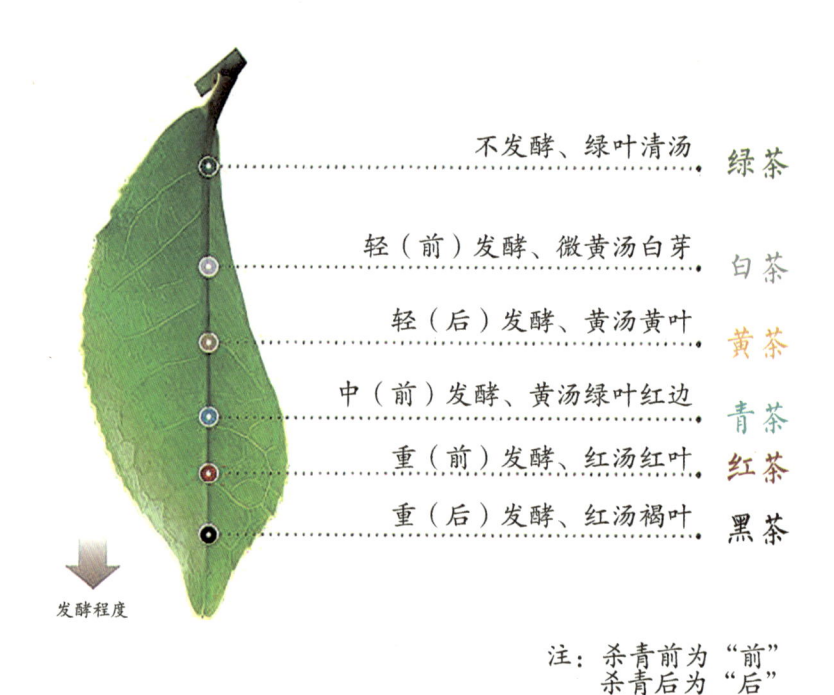

不发酵、绿叶清汤 —— 绿茶

轻（前）发酵、微黄汤白芽 —— 白茶

轻（后）发酵、黄汤黄叶 —— 黄茶

中（前）发酵、黄汤绿叶红边 —— 青茶

重（前）发酵、红汤红叶 —— 红茶

重（后）发酵、红汤褐叶 —— 黑茶

发酵程度

注：杀青前为"前"
　　杀青后为"后"

/ 六大茶类的发酵程度及特点

素破坏程度及黄烷醇类变化程度排序并分类，体现了茶叶主要内含物变化的系统性，也体现了茶叶制法和茶叶品质的系统性，因此得到了全球茶业界的公认，并一直沿用至今。

自中国明代以来，通过炒制叶茶的实践，越来越多的研制者认识并发展了黄茶、黑茶、白茶、红茶、青茶等制法。1959年中国的首次"十大名茶"评选，就将西湖龙井茶、洞庭碧螺春、黄山毛峰、庐山云雾茶、六安瓜片、君山银针、信阳毛尖、武夷岩茶、安溪铁观音、祁门红茶列为中国十大名茶。但各类茶产品，归根结底都不出六大茶类系统。中国最先发明且成熟的还是绿茶制法。就让我们从绿茶开始，对六大茶类一一做具体介绍吧。

第一节
最早的茶类是绿茶

绿茶（Green Tea）是中国茶叶的第一大家族，特指采取茶树的新叶或芽为原料，经杀青、揉捻、摊晾干燥等典型工艺过程制成的茶叶。绿茶基本不发酵，且消灭了各种氧化酶，干茶色泽和冲泡后的茶汤叶底，较多保存鲜茶叶的绿色格调，故名绿茶。中国绿茶产区以江南为主，贵州、江西、安徽、浙江、江苏、四川、陕西（陕南）、湖南、湖北、广西、福建、河南等，都是中国的绿茶生产省份。

绿茶是历史最悠久的茶类。先民采集野生茶树芽叶晒干收藏，应是广义上绿茶加工的开始，距今至少有3000多年。据文献《华阳国志·巴志》记载，前1046年周武王伐纣，巴蜀有8个小方国为犒劳周武王军队而奉礼，礼品中就有茶，并且彼时园中已有茶叶种植，故人们以为绿茶最早起源于中国的云、贵、川一带。

文献意义上最早的绿茶加工记录当是在8世纪的唐代。陆羽在《茶经·三之造》中专门讲述了蒸青绿茶团饼的制作法："采之，蒸之，捣之，拍之，焙之，穿之，封之，茶之干矣。"可知茶圣当年所喝的就是这样的绿茶。

13世纪末，中国人发明炒青制法，14世纪加工技术日趋成熟并不断完善，沿用至今。绿茶的加工，简单分为杀青、揉捻和干燥三个步骤。这些手法从前是全手工的，但今天已发展到半机械化甚至全机械化了。如今，古法制茶已成为非物质文化遗产传承技艺。

杀青：通过高温破坏鲜叶中酶的活性，制止多酚类物质氧化，防止绿叶红变，蒸发水分，使叶子变软，改善茶叶香气。揉捻：通过外力作用，揉破叶片，使其变轻，卷转成条，体积缩小，便于冲泡。有冷揉——杀青叶经过摊晾后揉捻；有热揉——杀青叶不经摊晾趁热揉捻。干燥：通过蒸发水分，整理外形，充分发挥茶香。干燥有炒青、烘青、晒青、蒸青四种形态。

炒青：由于品类不同，炒青茶形成了长条形、圆珠形、扁平形、针形、螺形等，亦可分为长炒青、圆炒青、扁炒青。长炒青中的针形茶如竹叶青、南京雨花茶等；芽形茶如信阳毛尖等；扁炒青如西湖龙井等；圆炒青如泉岗辉白、涌溪火青等。另有半卷曲螺形茶如碧螺春、都匀毛尖等。它们都是炒青茶。

烘青：用烘笼烘干茶成品，其名茶品质特优，依其外形亦可分为条形茶、尖形茶、片形茶、针形茶等。如黄山毛峰就属烘青茶，它外形细嫩稍卷曲，芽肥壮匀整，有锋毫，色泽金黄油润，香气清鲜高长，汤色杏黄清澈，滋味醇厚鲜爽回甘。

晒青：以日光晒干茶叶，主要分布在湖南、湖北、广东、广西、四川、云南、贵州等省份。晒青绿茶以云南大叶种的品质最好，被称为"滇青"，其他如川青、黔青、桂青、鄂青等亦各有千秋。

蒸青：中国古代的制茶方法，利用蒸汽破坏鲜叶中的酶活性，干茶形成三绿品，即色泽深绿、茶汤浅绿、茶底青绿。唐时此法传至东瀛，成为日本国制茶的主流技艺，,被保留下来相沿至今，而中国使用此法反渐稀少。中国从20世纪80年代以来开始生产少量蒸青绿茶，主要品种有产于湖北的恩施玉露等。

绿茶的特质在于它未经发酵，保留了鲜叶中的天然物质，茶多酚、儿茶素、叶绿素、咖啡碱、氨基酸、维生素等营养成分较多，对防衰老、防癌、抗癌、杀菌、消炎等具有特殊效果。再则是绿茶的文化性，自古文人多爱绿茶，古人高深的审美能力、淳厚的文化修养和绿茶有相通之处，故全世界饮绿茶、制绿茶者，数量以中国人为最。

第二节
红叶红汤说红茶

红茶（Black Tea）成熟于16世纪的中国明代，属全发酵茶，是最"洋气"的茶，数百年来遍销世界各地，融入众多国家的饮茶习俗。它以适宜的茶树新芽叶为原料，经萎凋、揉捻、发酵、烘焙、复焙等一系列工艺过程精制而成，因其冲泡后的茶汤和叶底色呈红色而得名。

红茶在加工中发生了以茶多酚酶促氧化的化学反应，鲜叶中的化学成分变化较大，一方面茶多酚减少90%以上，另一方面产生了茶黄素、茶红素等新成分，香气物质比鲜叶明显增加，并富含胡萝卜素、维生素A、钙、磷、镁、钾、咖啡碱、异亮氨酸、亮氨酸、赖氨酸、谷氨酸、丙氨酸、天门冬氨酸等多种营养元素。

红茶的加工工艺和绿茶相比，又自有一番风貌。

首先是萎凋。萎凋分为室内加温萎凋和室外日光萎凋两种，需要鲜叶尖失去光泽，叶质柔软梗折不断，叶脉呈透明状态。其次是揉捻，要使茶汁外流，叶卷成条。接着便是发酵，这是形成红茶色、香、味品质特征的关键性工序，一般是将揉捻叶放在发酵筐或发酵车里，进入发酵室发酵。发酵要掌握茶多酚氧化酶氧化聚合反应所需的适宜温度、湿度和氧气量，目的在于使茶叶中的多酚类物质在酶的促进作用下发生氧化作用，使绿色的茶坯产生红变，直至叶脉呈红褐色。再下一步便是烘焙，红茶因品类不同，烘焙方式也不同。其中小种红茶的烘焙法，是把发酵适度的茶叶均匀放在水筛上，把水筛放置在吊架上，下用纯松柴燃烧，达到一定干度后摊凉,故小种红茶具有独特的纯松烟香味。最后一步是复焙,因为茶叶是一种易吸收水分的物质,在出售前必须进行复火,含水量不能超过 8%。

这套制茶体系是怎么建构出来的呢?有一个流传很广的故事,说的是武夷山区有个茶村,乡民祖辈以茶为生。明朝末年,一支军队路过村子,夜宿时士兵们睡在装茶青(刚摘下来的茶叶)的麻袋上。军队走后,那茶青开始不同程度地发酵了。村民们不忍茶青浪费,只得赶紧将茶青揉捻,并用马尾松烘干以遮盖茶叶的特殊气味。当时的村民只习惯喝绿茶,从没想过世上还会有松脂香味的茶,便将茶挑到稍远处的村子出售,没想到受到了不少买家的喜欢,购买者络绎不绝。可谓歪打正着,红茶就此诞生。

其实偶然里有必然逻辑,红茶制法正是以前人经验为基础的创新。茶农在制作绿茶时发现,若堆积的茶青未能及时处理,有些叶子就会发酵,如炒制后再烘干,叶色汤色就会变红;茶农从白茶晒制的实践中,又摸索出制作红茶时所需的日光萎凋技法;而在黑茶的发酵中,茶农发现黑茶渥堆会变成褐黑色,从而创制出红茶渥红的技术措施。可以说,武夷山正山小种红茶制作技术的创制,是一个知行合一的过程,是科学精神指导下的技术进步和革新。

按照加工方法与出品茶形,红茶被分为三大类:小种红茶、工夫红茶和红碎茶。其中历史最悠久的红茶是小种红茶。

小种红茶:小种红茶于16世纪在中国明代创制,分正山小种和外山小种。正山特指福建与江西交界的星村镇桐木关,原产地初步界定范围为桐木关周围565平方公里,这里的"正山"有正确、正宗的意思。此地群山环抱,山高谷深,云雾缭绕,冬暖夏凉,日照较短,霜期较长,水分充足,土壤肥沃,生长着小叶种的茶树品种,故称"小种",亦有产地及产量受地域小、气候所限之意。

正山小种又分烟种和无烟种,用松针或松柴熏制的称为"烟正山小种",没有用松针或松柴熏制的则称为"无烟正山小种"。无烟正山小种的颜色为深褐色,烟正山小种的干茶色泽因熏制而更黑、更润泽些;从汤色上区别,无烟正山小种汤色红艳、清澈明亮,烟正山小种则更加浓艳;从内质上区别,它们都有明显的甜味,但烟正山小种的桂圆汤香甜味更显著,滋味更甜醇,另具有独特浓烈的松烟香味,外形条索肥实,泡水后汤色红浓,加入牛奶后茶香味不减,形成糖浆状奶茶,液色更为绚丽。

/ 红茶正山小种

武夷山市桐木村江氏家族是生产正山小种红茶的茶叶世家，至今已有 400 多年的历史。

工夫红茶：18 世纪，小种红茶在西方社会被广泛推崇，仅靠武夷山供应全世界的红茶消费显然已不现实，福建宁德、安徽祁门等地开始学习正山小种红茶的种植加工技术。其技艺也逐渐传入国内各大茶区，而后别具一格的加工工艺被创制出来，最终形成闻名全国的工夫红茶。我们今天所知的绝大多数红茶，都属于工夫红茶：安徽的祁门工夫、浮梁工夫；云南的滇红工夫；广东的英（英德）红工夫；四川的川红工夫；湖南的湖红工夫；江西的宁红工夫；浙江的越红工夫；湖北的宜红工夫；福建的闽红工夫——坦洋工夫、白琳工夫和政和工夫。中国红茶的生产和贸易自此达到了前所未有的鼎盛时期。

若按照茶树品种而论，可分小叶工夫和大叶工夫。小叶工夫以灌木型小叶种茶树鲜叶制成，干茶色泽乌黑润亮，又称"黑叶工夫"，祁红工夫和宜红工夫都是小叶工夫的代表。大叶工夫以乔木或半乔木型茶树的鲜叶制茶，干茶色泽金黄乌润，所以又称"红叶工夫"，滇红工夫和英红工夫是大叶工夫的代表。

小种红茶与工夫红茶在制作上同中有异，大体都是萎凋、揉捻、发酵与干燥四个步骤。区别在于小种红茶是鲜叶，加工复杂，但毛茶加工相对简单；工夫红茶刚好相反，简化了鲜叶加工，而在毛茶加工上则下足功夫。

采摘标准上，小种红茶产地桐木关多是高山茶区，气候寒冷，茶树发芽迟缓，一般要在每年四月底或五月初才开采春茶。嫩梢较为成熟，糖类含量较高，有利于茶汤厚重滋味的形成。而工夫红茶的鲜叶原料，一般讲究四字诀，即嫩、鲜、匀、净。制作工艺上，小种红茶的工艺根据桐木关的特殊自然气候而展开，但工夫红茶的很多特殊制作步骤正慢慢被删减或替代。萎凋方式上，工夫红茶舍弃了小种红茶特有的"青楼"（一种用于茶青萎凋和烘干的木质阁楼），也慢慢删减了"过红锅"（一种将发酵后的茶叶放入高温锅中炒制的工艺）的步骤。至于干燥，则多用烘焙而非烟焙。从工艺普及和产品推广的角度来看，工夫红茶的确是一种有益的探索。直至今天，中国红茶界仍是以工夫红茶为主流。

红碎茶：新鲜茶叶经萎凋、揉捻后，用机器切碎呈颗粒型碎片，然后经发酵、烘干而制成，其外形细碎，故称红碎茶。此制作工艺算是舶来物。18世纪下半叶及19世纪上半叶，英国人曾多次诱引中国茶人前往印度，指导种茶制茶，传授手工制茶方法，包括小种红茶的生产技术。后来他们简化制造程序，取消锅炒，改为发酵、烘焙，生产出类似中国工夫红茶的产品。1874年，W.S.莱尔发明出第一台揉捻机，1876年，乔治·里德又发明了切茶机，将条形茶切成短小而细的碎茶，红碎茶正式面世。

红碎茶是一种特定的茶叶，有叶茶、碎茶、片茶、末茶等，按照一定的比例组合而成，主要用作袋泡茶。国外生产红碎茶已有100多年的产制历史，主要集中在印度、斯里兰卡和肯尼亚，其产量的总和占世界红碎茶总量的一半以上。1958年，湖南安化采用传统制法试制红碎茶成功，中国自20世纪60年代开始试制加工红碎茶，加工地主要集中在云南、广东、广西和海南等。中国的红碎茶以大叶种为原料制作的品质最好，较为著名的品牌有滇红碎茶和南川红碎茶等。

就世界范围而言，红碎茶在国际市场上的销量是其他茶类无法比拟的。有数据显示，红碎茶约占全球茶叶贸易量的80%以上。世界范围内饮用红茶者居多，其中袋泡成为红茶的主要饮用方式。

第三节
绽放在绿与红之间的青

青茶（Oolong Tea）有个更普及的名字——乌龙茶。它介于绿茶与红茶之间，是经由采摘、萎凋、摇青、炒青、揉捻、烘焙等工序制出的半发酵茶类，制法是在绿、红茶之间寻找平衡，先红后绿，使青茶既有红茶的色香味浓，又有绿茶的爽快刺激，但无红茶的涩味和绿茶的苦味。明清之际，福建武夷山开始出现青茶，也有人以为青茶是清雍正年间安溪茶农开始生产的，他们因战乱而四散各处，有的就来到了武夷山种茶制茶。目前青茶主要产于闽北、闽南及广东、台湾等地，分为闽南乌龙、闽北乌龙、广东乌龙和台湾乌龙。其中闽北乌龙最有名的是武夷山大红袍，闽南乌龙是安溪铁观音，广东乌龙是潮州凤凰单丛，台湾乌龙是冻顶乌龙。

就采摘季节而言，由于青茶茶区气候温和，雨量充沛，茶树生长周期长，一年可采四至五季，即春茶、夏茶、暑茶、秋茶和冬片。青茶的采摘标准，要求叶梢比红、绿茶成熟。不同采制季节对青茶品质影响极为显著。春季青茶一般香气清高，滋味浓厚甘爽，品质好。夏暑气温较高，茶树生长迅速，碳代谢旺盛，有利于茶多酚的积累，但能形成良好香气的成分明显减少。秋季天高气爽，昼夜温差大，特别有利于花果香型的芳香物质的形成与积累，故"秋香显露"，所制青茶香气尤为持久，但构成茶滋味的内含物质明显少于春茶。冬季采摘制成的青茶，如凤凰单丛的雪片，香气浓厚，但产量相对较低。

青茶的制作很讲究，程序有晾青、摇青、杀青、包揉、揉捻、烘焙。因其做青的方式不同，分为"跳动做青""摇动做青""做手做青"三类。使用这种技艺的茶农非常辛苦，同时这一过程又非常具有美感，是青茶制作以及非物质文化遗产中的重要一环。

烘焙是青茶的重要环节，俗称"茶为君，火为臣，君臣佐使"。烘焙一为干燥，旨在保持含水量在 4%～6%，防止贮存期品质劣变，延长贮存寿命；二为香气，香气是乌龙茶的灵魂，借烘焙技术去除茶叶异味，使茶叶中的氨基酸类与糖类物质加温时经脱水还原，转化成香气，增进茶香；三为杀菌，降低农残，起氧化及后熟作用。

青茶的代表性产品有以下几款。

闽北乌龙：其特点是做青时发酵程度较重，揉捻时无包揉工序，条索壮结弯曲，干茶色泽较乌润，属熟香型，汤色橙黄明亮，叶底三红七绿，红镶边明显。产地包括武夷山市、建瓯、建阳等地。根据品种和产地不同，有闽北水仙、闽北乌龙、武夷水仙、武夷肉桂、武夷奇种、乌龙、梅占、观音、雪梨、奇兰、佛手、金柳条、金锁匙、千里香、不知春等；名岩名枞包括大红袍、白鸡冠、水金龟、铁罗汉、半天腰等；其中有武夷岩茶产于福建武夷山，需细细品讲。

武夷山位于福建崇安东南部，方圆60公里，有36峰、99名岩，岩岩有茶，茶以岩名，岩以茶显，故名岩茶。武夷产茶历史悠久，唐代已栽制茶叶，宋代其茶叶被列为皇家贡品，元代在武夷山九曲溪之四曲溪畔设立御茶园专门采制贡茶。武夷山茶叶以武夷山大红袍为冠，它被誉为"茶中之王"，岩壁上至今仍保留着1927年天心寺和尚镌刻的"大红袍"石刻，茶树树龄

一片叶子落入水中

/ 武夷山大红袍茶树

已有340余年。这里日照短，多反射光，昼夜温差大，岩顶终年有细泉浸润流滴。特殊的自然环境造就了大红袍的特异品质。大红袍母茶树现有6株，都是灌木茶丛，叶质较厚，芽头微微泛红，阳光照射时，岩石反射阳光，映射着茶树，红灿灿的颜色十分醒目。

关于大红袍的来历，有这么一个传说：天心寺和尚用九龙窠岩壁上的茶树芽叶制茶，治好了一位赶考书生的疾病，书生中举归来，将身穿的大红袍盖在茶树上以表感谢，大红袍茶名由此而来。大红袍现在成功应用无性繁殖的技术，经繁育种植，能批量生产。其外形条索紧结，色泽绿褐鲜润，冲泡后汤色橙黄明亮，叶片红绿相间。品质最突出之处是香气馥郁，有兰花香，香高而持久，"岩韵"明显，冲泡七八次后仍有香味。

闽南乌龙：主产于福建南部安溪、永春、南安、同安等地，主要品类有铁观音、黄金桂、闽南水仙、永春佛手等。闽南乌龙茶做青时发酵程度较轻，揉捻较重，干燥过程间有包揉工序，外形卷曲，壮结重实，干茶色泽较"砂绿润"，茶味清香，叶底绿叶红点或红镶边，汤色偏向绿色。

闽南乌龙以安溪铁观音为首，主要产自福建安溪县，其纯种特征为叶肉肥厚，叶色浓绿，嫩芽紫红，有"红芽歪尾桃"之称。成品茶肥壮圆结，沉重匀整，色泽砂绿，形似蜻蜓头、螺旋体、青蛙腿。安溪县境内多山，气候温暖，雨量充足，茶树生长茂盛，茶树品种繁多，铁观音茶一年可采四期，分春、夏、暑、秋，以春茶最佳。其条索肥壮紧结，质重如铁，芙蓉砂绿明显，其品质特征是汤浓、韵明、微香。"汤浓"指所泡茶汤呈金黄色，色泽亮丽，色度较深；"韵明"指安溪铁观音特有的"观音韵"明显，喝后口喉有爽朗感觉；"微香"则指其汤味虽香但不浓烈，滋味醇厚甘鲜，回甘悠久，俗称有"音韵"，可谓"七泡有余香"。

广东乌龙：产区主要在粤东地区的潮安、饶平、丰顺、蕉岭、平远、揭东、揭西、普宁、澄海、梅州、东莞等地。主要产品有凤凰水仙、凤凰单丛、岭头单丛、饶平色种、石古坪乌龙、大叶奇兰、兴宁奇兰等,以潮安的凤凰单丛和饶平的岭头单丛最为著名。

广东乌龙中以凤凰单丛最为珍贵,这是从凤凰水仙群体中选育后繁殖的优异单株,因单株采收、单株制作,是众多优异单株总称,故被称为凤凰单丛,目前有 80 多个品系(株系),有以叶片形态命名的,有以树形命名的,有以成茶外形命名的。凤凰单丛的外形条索壮直、紧结匀嫩,色泽灰褐具光泽;内质醇香袭人,具有天然优雅花香,香味持久,滋味浓醇鲜爽回甘;汤色金黄似茶油,茶汤清澈,沿碗壁有金黄色彩圈;叶底肥厚软亮,绿叶红镶边,有特殊的山韵蜜味,八泡仍有余香。凤凰单丛在广东、香港特区、澳门特区及台湾地区都深受欢迎,也很受海外侨胞喜爱,在东南亚各国都很畅销。

台湾乌龙:台湾所栽种的茶树品种,是 200 多年前由福建移民所带,台湾早期的制茶技术亦是由福建师傅所传授的,包括台湾地区产制的乌龙茶、包种茶等茶类,其产制技术皆来自福建。

台湾有不少知名的乌龙品牌,代表品种为冻顶乌龙、文山包种茶、东方美人茶等,这些茶各有特色,依据发酵程度的不同有轻度发酵茶(约 20%)、中度发酵茶(约 40%)和重度发酵茶(约 70%)之分。轻度发酵茶似绿茶,具有清香;重度发酵茶似红茶，具有甜香；中度发酵茶清香较浓烈。现将代表品种简介如下。

一为冻顶乌龙，其来历一说是清朝咸丰年间，鹿谷有位叫林凤池的书生赴福建应试，高中举人，还乡时自武夷山带回36株青心乌龙茶苗，种在冻顶山上，后茶树繁殖成片。另一说是世居鹿谷乡彰雅村冻顶巷的苏姓家族，其先祖于清朝康熙年间移居台湾，乾隆年间已在冻顶山开垦种茶。这冻顶山本是凤凰山的支脉，茶园在海拔700米的高岗上，因雨多山高路滑，上山的茶农不仅受冻，还要绷紧脚尖，避免滑下去，故山顶叫冻顶，山脚叫冻脚。冻顶山上栽种了青心乌龙茶等茶树良种，山高林密土质好，年均气温22℃，年降水量2200毫米，空气湿度较大，终年云雾笼罩。茶园为棕色高黏性土壤，杂有风化细软石，排储水条件良好，茶树生长也格外茂盛。冻顶山一带茶农以甕（瓮的意思）装茶贩售，所以冻顶乌龙又有"冻顶甕装乌龙茶"之称。

冻顶茶一年四季均可采摘，标准为一芽二叶。以春茶最好，香高味浓色艳；秋茶次之；夏茶品质较差。鲜叶经晒青、凉青、浪青、炒青、揉捻、初烘、多次反复的团揉（包揉）、复烘、焙火而制成。制茶过程的独特之处在于，烘干后，需再以布包成球状揉捻茶叶，使茶成半发酵半球状，称为"布揉制茶"或"热团揉"。传统冻顶乌龙茶带明显焙火味，亦有轻焙火制茶。此外，亦有"陈年炭焙茶"，是每年反复拿出来高温慢烘焙而制出的甘醇且后韵十足的茶。成品外形呈半球形弯曲状，色泽墨绿，有天然的清香气。茶叶展开，外观有青蛙皮般灰白点，叶间卷曲成虾球状，叶片中间呈淡绿色，叶底边缘镶红边，称为"绿叶红镶边"或"青蒂、绿腹、红镶边"。冲泡时汤色蜜绿金黄，茶香清新典雅，散发桂花清香，喉韵回甘，醇厚甘润，历来深受消费者的青睐。

二为文山包种茶，是台湾乌龙茶种发酵程度最轻的清香型绿色乌龙茶，以台北文山地区所产品质最优。相传19世纪末，福建省泉州府安溪县茶农仿武夷茶制造法，将茶叶每四两装成一包，每包用福建所产的毛边纸两张，内外相衬包成长方形的四方包，包外盖上茶叶名称及行号印章，称之为"包种茶"。冲泡后典型的特征是香气清扬，带有明显花香，滋味甘醇，茶汤呈亮丽的绿黄色。因盛于文山地区，故称文山包种茶。

包种茶按外形不同可分为两类：一类是条形包种茶，以"文山包种茶"为代表；另一类是半球形包种茶，以"冻顶乌龙茶"为代表。它们享有"北文山、南冻顶"之美誉。

三为东方美人茶，又名膨风茶、白毫乌龙茶，是台湾半发酵青茶中发酵程度最重的茶品，一般发酵度为60%，有些则高达75%～85%。其茶种从武夷山被带至台湾后，产地主要在新竹、苗栗、坪林、石碇一带。

东方美人茶的名字由来，据闻是英国茶商将此茶献给维多利亚女王，其黄澄清透的色泽与醇厚甘甜的口感令女王赞不绝口，女王赐此名。至于膨风茶之名也挺有来历，膨风是指把气吹进某种囊状的容器中，使其膨胀起来的意思，类似老百姓平常说的"吹牛皮"，是台湾俚语"吹牛"之意。相传早期有一茶农的茶园遭受虫害侵食，但他不甘损失，将受损茶叶炒制后挑至城中贩售，没想到因风味特殊大受欢迎，他回乡后提及此事，竟被指为"膨风"，从此"膨风茶"之名不胫而走。

其实这茶农还真没有吹牛，茶叶正是被茶小绿叶蝉咬食之后才变得风味独特的。作为茶叶的主要害虫之一，它们会吸食茶叶的汁液，专业术语叫"着蜒"，但让人始料未及的是，因植物本身的治愈能力，被着蜒后的茶叶叶片的茶多酚类活性会增强，茶单宁的含量也随之增加，昆虫的唾液与茶叶酵素混合出特别的香气，成为东方美人茶醇厚果香蜜味的来源。如此形成的风味特殊的茶，具有独特的蜂蜜及熟果香，茶叶呈金黄色，像被火烫了似的，精制后的茶叶白毫肥大，茶身白、青、红、黄、褐五色相间,细观做好的茶叶,可见一层纤细的银毛闪闪发光。此茶茶汤颜色比其他的乌龙茶更浓,呈明澈鲜丽的琥珀色,入喉之际,甘润香醇,徐徐生津,口齿留香。

为让茶生长良好,茶园绝不能使用农药,茶农们细心摘选受到着蜒后的一心两叶(茶叶的嫩芽及两片嫩叶),以传统技术精制。这种茶的特点是炒青后需多一道以布包裹、置入竹篓或铁桶内的静置回润或称回软的二度发酵程序,再进行揉捻、解块、烘干而制成毛茶。

第四节
因热化而闷黄的茶

黄茶(Yellow Tea)的诞生基于明代炒青绿茶的实践,炒茶工们发觉杀青后或揉捻后,不及时干燥或干燥程度不足,叶质会变黄,就此创造了轻发酵的黄茶。黄茶加工工艺近似绿茶,只是在干燥过程的前后增加一道"闷黄"工艺,促使叶绿素等物质部分氧化。主要做法是将杀青和揉捻后的茶叶用纸包好,或堆积后以湿布盖之,促使茶坯进行非酶性的自动氧化,茶多酚、叶绿素等成分的性质会发生变化,使其变成刺激性较小的黄茶。

形成黄茶品质的主导因素是热化作用：一是在水分较多的情况下，以一定的温度作用之，为湿热作用；二是在水分较少的情况下，以一定的温度作用之，为干热作用。这两种热化作用交替进行，从而形成黄茶的独特品质。

闷黄是形成黄茶品质的关键工序。依各种黄茶闷黄先后不同，分为湿坯闷黄和干坯闷黄。闷黄之后就是干燥，温度先低后高，是形成黄茶香味的重要环节。黄茶的典型工艺流程中，揉捻不是必需工艺，君山银针和蒙顶黄芽的制作工艺中就不包括揉捻，而黄大茶的制作要求在锅内边炒边揉捻，也没有独立的揉捻工序。

黄茶的品质特点是黄汤黄叶，干茶香气中有锅巴香、玉米香甜味，收敛性较弱，但回甘性强。黄茶在沤的工序过程中，会产生助长脾胃消化能力的消化酶，对脾胃特别友好，人在身体出现消化不良时可以饮用黄茶来解决积食问题。

按其鲜叶的嫩度和芽叶大小，黄茶可分为黄芽茶、黄小茶和黄大茶三类。

其中黄芽茶原料细嫩，采摘单芽或一芽一叶加工而成，是杀青后闷黄的，名牌茶品包括湖南岳阳洞庭湖君山的君山银针，四川雅安名山的蒙顶黄芽和安徽霍山的霍山黄芽；黄小茶以细嫩芽叶加工而成，主要包括湖南岳阳的北港毛尖，湖南宁乡的沩山毛尖，湖北远安的鹿苑毛尖和浙江温州平阳一带的平阳黄汤等；黄大茶以一芽二、三叶甚至一芽四、五叶为原料制作而成，主要包括安徽霍山的霍山黄大茶和广东韶关、肇庆、湛江等地的广东大叶青。

让我们对黄茶的重要品牌进行一番梳理。

黄芽茶之君山银针：作为中国十大名茶之一，君山银针算是黄茶家族中的大家长了。君山银针是中国名茶之一，产于湖南岳阳洞庭湖中的君山。君山是洞庭湖中的一座岛屿，岛上土壤肥沃，气候湿润，树木丛生，湖水长年蒸发，岛上云雾弥漫，山地遍布茶园。君山银针的独特品质与君山岛的气候、土质、植被密不可分。

其形细，茶芽外形很像一根根银针，雅称"金镶玉"。君山银针香气清雅，汤黄澄高，甘醇鲜爽。若以玻璃杯冲泡，可见芽尖冲上水面，悬空竖立，下沉时如雪花下坠，沉入杯底，状似鲜笋出土，又如刀剑林立，三起三落。故在国际和国内市场上都久负盛名。

/君山银针茶叶

黄芽茶之蒙顶黄芽：由"扬子江中水，蒙山顶上茶"之说，可见四川省雅安市蒙山上的蒙顶茶影响之深远。蒙顶黄芽的特点有：一是茶形扁直，芽毫毕露；二是茶色色泽微黄；三是甜香浓郁；四是汤色黄亮；五是叶底嫩黄匀亮。冲泡开的蒙顶黄芽外形扁直，芽条匀整，色泽嫩黄，芽毫显露，甜香浓郁，汤色黄亮透碧，滋味鲜醇回甘。

黄芽茶之霍山黄芽：霍山黄芽产于安徽省大别山区的霍山县，亦属黄芽茶的珍品。霍山黄芽要求当天采芽当天制作，分杀青、初烘、摊放、复烘、足烘五道工序，在摊放和复烘后，再使其回潮变黄。特点一为茶形细嫩多亮且形如雀尖；二为茶色嫩黄；三为有栗香；四为汤色黄绿清明；五为茶味醇厚有回甘；六为叶底黄亮嫩匀厚实。

黄小茶之鹿苑毛尖（远安黄茶）：湖北远安县古属峡州，唐代陆羽《茶经》中就有远安产茶的记载。鹿苑寺位于远安县城西北七公里处的鹿溪山中，始建于南宋宝庆元年（1225年）。相传古时此地山林中常有鹿群出没，后有人围苑驯养，久之此山被称为鹿苑山，所建寺则为鹿苑寺。鹿苑寺山清水秀，景色宜人，潺潺龙泉河犹如玉带回转七曲，透迤寺前。两岸傍山，终年气候温和，雨量充沛，且红砂岩风化的土壤肥沃疏松，良好的生态环境对茶树生长十分有利。茶园分布在山脚山腰一带，峡谷中的兰草、山花和四季常青的百年楠树，伴随茶树生长。鹿苑毛尖外形呈条索环状（俗称环子脚），白毫显露，色泽金黄（略带鱼子泡），香郁高长，滋味醇厚回甘，汤色黄净明亮，叶底嫩黄匀整，被誉为湖北茶中佳品。

黄小茶之北港毛尖：产地在湖南岳阳北港。北港茶在唐代就很有名气，称"邕湖茶"，不仅深受宫廷青睐，还是汉藏文化交流之媒介。当年文成公主出嫁西藏，所带茶叶就有岳阳名茶——邕湖含膏。北宋范致明《岳阳风土记》载："邕湖诸山旧出茶，谓之邕湖茶。李肇所谓岳州邕湖之含膏也。唐人极重之，见于篇什。"

岳阳市北港南湖一带，是现今的北港毛尖产地。这里气候温和，雨量充沛，每至早春清晨，南湖水面蒸汽冉冉上升，于低空缭绕，经微风吹拂，如轻纱薄雾尽散于北岸的茶园上空。茶园地势平坦，水陆交错，土质肥沃，酸度适宜。其产茶外形芽壮叶肥，毫尖显露，呈金黄色；内质香气清高，汤色金黄，滋味醇厚，叶底黄明，肥嫩似朵。

黄小茶之沩山毛尖：此茶产于湖南省宁乡市西部以沩山为主体的周围群山，湘江支流沩水的发源地。此处周围一二百里的崇山峻岭和高丘陵，云气相汇，漫山升腾，其山存林木，林储活水，水养坡地，地蕴沃土，宜耕宜种。传说舜及其儿子沩曾相中此地，来此开发，开创了沩山的农耕业和手工业，并代代相传。经千百年的发展，山间成百上千个大小山冲田连阡陌，加上流水人家，有如世外桃源。

沩山毛尖为中国国家地理标志产品，茶树饱受雨露滋润，故而根深叶茂，梗壮芽肥，茸毛多，持嫩性强，是制作名茶的最佳原料。制作后的茶叶品质特点是外形叶缘微卷，色泽黄亮油润，白毫显露，汤色橙黄明亮，松烟香芬芳浓厚，滋味醇甜爽口，叶底黄亮嫩匀，风格独特。沩山毛尖颇受人们喜爱，被视为礼茶之珍品。

黄小茶之平阳黄汤：平阳黄汤是浙江省温州市平阳县特产，享有农产品地理标志。该茶选用平阳特早茶或当地群体种等茶树品种优质鲜叶为原料，以特定加工工艺精工细制而成。干茶色泽嫩黄，外形纤秀匀整，汤色杏黄明亮，叶底嫩匀成朵，具有"干茶显黄、汤色杏黄、叶底嫩黄"的"三黄"特征。历史上的黄汤茶曾是浙江茶叶的重要代表，每年有千余担销往京津沪。其工艺一度失传之后在20世纪末重新恢复，再度声名鹊起。

黄大茶之皖西黄大茶：为安徽霍山、金寨、大安、岳西所产,以大枝大叶的外形为特点,极易辨识。经炒茶、初烘、堆积、烘焙等工序制成,干茶色泽自然,外形梗壮叶肥,梗叶金黄显褐,相连形似钓鱼钩,滋味浓厚醇和,以火功足、有锅巴香为好。黄汤香醇耐泡,饮之有消垢腻、去积滞之作用,具有提神清心、消暑等功效。

黄大茶之广东大叶青:其产地为广东省韶关、肇庆、湛江等。与其他黄茶制法不同,制作广东大叶青时先萎凋后杀青,再揉捻闷堆,以消除青气涩味。品质特点是外形条索肥壮、紧结重实,老嫩均匀,叶张完整显毫,色泽青润显黄,滋味浓醇回甘,汤色橙黄明亮,叶底淡黄。黄大茶对脾胃有好处,若消化不良、食欲不振,都可饮而化之。

第五节
绿妆素裹银白茶

白茶(White Tea)属微发酵茶,是指一种采摘后不经杀青或揉捻,只经过晾晒或文火干燥加工的茶,因芽叶银毫茂密,采摘时多为芽头,成品后满披白毫、如银似雪而得名。其优质茶芽头肥壮,叶底嫩匀,好似"绿妆素裹"。且汤色黄亮,滋味鲜醇，品性清凉，有退热降火之功效，故有"一年茶、三年药、七年宝"之民间俗语。

白茶的来历也与神话和民间传说有关。说的是福建福鼎有一座大山，尧帝时有一位老奶奶在此居住，以种蓝草为业，曾将其所种绿雪芽茶作为治疗麻疹圣药，救活很多孩子，人们把她奉为神明，称她为太姥娘娘，这座山也因此命名为太姥山。清代陆延灿的《续茶经》中载："福宁州太姥山出茶，名绿雪芽。"清代周亮工在《闽小记》中记载："太姥山古有绿雪芽，今呼白毫……"现今福鼎太姥山"鸿雪洞"还留有一株福鼎大白茶树，相传是太姥娘娘亲手种植的原始母树，为福鼎大白茶始祖，人们叫它绿雪芽古茶树。

相对于其余五类茶，白茶是个虽小众但概念常容易混淆的茶品种——如果仅从工艺上看，有人会以为中国六大茶类中诞生最早的就是"白茶"，因为白茶的传统制作工艺是最简单、工序最少的。中国先民最初发现茶叶的药用价值后，为保存以备用，把茶芽叶晒干或焙干，最早的茶——白茶就此诞生。

但就工艺而言，白茶的制作特点是既不破坏酶的活性，又不促进氧化作用，且保持毫香显现，汤味鲜爽，所以必须包括萎凋、烘焙（或阴干）、拣剔、复火、干燥等工序，核心是萎凋和干燥两道工序,而其关键是在于萎凋。萎凋又分为室内自然萎凋、复式萎凋和加温萎凋。明代以前对白茶的关键工序萎凋的制作均无记载与描述。因此,专家将白茶的创制时间定在清嘉庆元年(1796年)。

我们不妨对知名白茶优秀品牌择录介绍如下。

白毫银针:嘉庆元年,福鼎人用菜茶(有性群体种)的壮芽为原料,按白茶加工工艺加工,创制出"白毫银针"的前身"银针茶"。约在1857年,茶农们选育出了福鼎大白茶,因其芽壮、毫显香多,所制白毫银针的外形、品质远远优于"菜茶",因此,以其壮芽为原料加工,成品出口价格远高于原菜茶加工的产品,白毫银针就这样登上历史舞台。今天的白毫银针是白茶家族中的佼佼者,其形如其名,外形独特优美,芽头肥壮,遍披白毫,挺直如针,如银似雪。冲泡过后,汤色呈杏黄色,香气清淡,滋味醇和,素有茶中美女之誉,也是中国十大名茶之一。

白牡丹:20世纪上半叶,福建建阳水吉开始创制白牡丹,后传入政和、福鼎。白牡丹是采自大白茶树或水仙种的短小芽叶新梢制成的,是白茶中的上乘佳品,因其绿叶夹银白色毫心,形似花朵,冲泡后绿叶托着嫩芽,宛如蓓蕾初放,故得美名。其制作工艺关键在于萎凋。采摘时期为春、夏、秋三季。其叶态自

/ 白毫银针茶叶

然，色泽呈暗青苔色，叶背遍布洁白茸毛，汤色杏黄或橙黄，汤味鲜醇。其性清凉，有退热降火之功效，为夏季佳饮。

寿眉：如果说银针原料是芽头，白牡丹原料是一芽一叶，那寿眉的原料就是叶子了。寿眉起初以菜茶为原料，主要产于福建省福鼎、政和、松溪一带。没有压成饼的寿眉散茶并不起眼，成茶就像是一堆晒干的树叶，常被人们称为粗老茶，因其外形似寿星的眉毛，故名寿眉。寿眉内敛低调，不揉不炒，天然萎凋而成，优质寿眉毫心显而多，色泽翠绿，汤色呈橙黄或深黄，叶底匀整，柔软，鲜亮，味醇香。因为叶多芽少，寿眉产量较高，价格相对较低。其实寿眉性价比很高，口感与上述茶相比丝毫不差，尤其是陈年寿眉，有一种竹叶和糯米混合的香味，清甜爽滑，还会产生类似于枣香的味道，茶汤清澈透亮，透出酒红色，香味愈加醇厚。

贡眉：历史上原本并没有贡眉，贡眉是从寿眉中脱颖而出的。20世纪50年代初，中国开始出口一种叫"贡眉"的白茶，很快总量竟达到白茶的70%以上，且品质优于寿眉。其实贡眉的原料就是原来加工寿眉的小白茶，因为好的小白茶都被提取去加工"贡眉"了，所以贡眉就是上乘的寿眉，寿眉成了低档茶。从标准上看，贡眉要"毫心明显"，而寿眉则是"偶有毫心"。

贡眉制作工艺分为初制和精制，其制作方法与白牡丹茶的制作方法基本相同，成品茶毫心明显，茸毫色白且多，干茶色泽翠绿，冲泡后汤色呈橙黄色或深黄色，叶底匀整、柔软、鲜亮，品饮时滋味醇爽，貌似就把寿眉比下去了。

新工艺白茶：新工艺白茶主要产区在福鼎、政和、松溪、建阳等地，简称新白茶，是按白茶加工工艺，在萎凋后加入轻揉制成。20世纪70年代，为提高白茶的茶汤浓度，福鼎白琳茶厂创造了白茶的新工艺制法，其主要工艺技术特点是将萎凋叶进行短时、快速揉捻，然后迅速烘干。其外形叶呈半卷条形，色泽暗绿带褐，汤色似绿茶但无清香，似红茶但无酵感，清甘是其特色。新工艺白茶药性较强，尤其是陈年的白毫银针工艺茶，在民间常被用作退烧辅助汤剂。

白茶紧压茶：散茶是易压碎茶叶，贮存时所占空间较大，为减轻库存压力，满足贮存空间需求，提供流通的便利，2006年白茶紧压茶试制成功，白茶饼横空出世。其仿效普洱紧压茶的压制工艺，以白茶（白毫银针、白牡丹、贡眉、寿眉）为原料，经整理、拼配、蒸压定型、干燥等工序制成。经过压制被制作成茶饼、茶砖、茶球等，形成了白茶的再加工茶——白茶紧压茶。白茶由于没有揉捻工艺，茶叶较为完整，没有茶汁附着在茶叶表面，黏性不强，所以压制工艺较普洱紧压茶的工艺有所区别。白茶紧压茶出现的时间较短，在 2010 年前后开始大量出现，但一经问世便立刻得到市场欢迎，并成为白茶的主力军。

第六节
山间马背渥黑茶

黑茶（Dark Tea）属后发酵茶，制茶工艺一般包括杀青、揉捻、渥堆和干燥四道工序。因绿茶鲜叶杀青时叶量多、火温低，毛茶叶色变深褐绿色，堆积后发酵，成品茶外观呈黑色，故得名。黑茶按地域分布，主要为湖南黑茶（茯茶、千两茶、黑砖茶、三尖等）、湖北青砖茶、四川藏茶（边茶）、安徽古黟黑茶（安茶）、云南黑茶（普洱熟茶）、广西六堡茶及陕西黑茶（茯茶）。

黑茶从药理功能上说，有解油腻、治肚胀、疗腹泻、消脂肪、止渴生津、提神醒脑、调理肠胃、促进消化等协理功能，长年饮用对降低血压、血脂和血糖，增强毛细血管韧性有良好的效果。

黑茶起源有以下说法：11 世纪前后，四川将绿毛茶经过做色工序制成黑茶成品，其年代可追溯到唐宋茶马交易时期，其集散地为四川雅安和陕西汉中。当时的四川绿茶远销西北，由马队出发抵达西藏至少有2~3个月的路程，将茶蒸制为团块形便于长期运输，但在行程中经日晒雨淋，干湿互变过程使茶在微生物的作用下发酵，产生了品质不同于起运时的茶品，绿茶由此变成了再次发酵后的黑茶。因此有人形容"黑茶是马背上形成的"，只不过那时的人们还不叫它黑茶。因此边销茶品质更加醇厚，边民更为喜爱，视其为米盐，不可一日无，此茶遂成为中国西北边区的重要商品。

人们渐渐地认识到这种茶后发酵的特点与优势，就在初制或精制过程中增加一道渥堆工序，黑茶就此诞生。不过其命名，一般认为始于16世纪初，理由是中国历史记载中第一次出现了"黑茶"二字。明朝嘉靖三年（1524年），御史陈讲疏奏云："以商茶低伪，悉征黑茶……官商对分，官茶易马，商茶给买。"16世纪末期，湖南黑茶兴起，此时的安化已出现新工艺，在揉捻后渥堆，使叶色变成褐绿带黑，而后烘干为黑毛茶，经过各种蒸压技术措施，形成各种各样的黑茶品种，具体可分为紧压茶、散装茶及花卷三大类。其中紧压茶为砖茶，主要有茯砖、花砖、黑砖、青砖茶，俗称四砖；散装茶主要有天尖、贡尖、生尖，统称为三尖；花卷茶有十两、百两、千两等。

黑茶的基本工艺流程是杀青、初揉、渥堆、复揉、干燥、晾置。杀青分手工杀青和机械杀青；初揉是因为黑茶原料粗老，要揉捻两次，待黑茶嫩叶成条，粗老叶成皱叠时方可；渥堆是核心技术，是形成黑茶色香味的关键性工序。初揉后的茶坯，要加盖湿布以保温保湿，过程中要进行翻堆，然后再进行复揉，及时干燥。传统黑茶干燥在七星灶上进行，手续相当精妙繁复。最后才是自然晾置。茶叶压制成型后需置于阴凉通风之处，让水分缓慢干燥。

我们不妨从地域角度来介绍黑茶品种。

湖南安化黑茶：用黑毛茶作原料，色泽黑润，成品块状如砖。其原料主要选自安化，包括桃江、益阳、汉寿、宁乡等县。制作时先将原料筛分整形，按比例拼配，高温汽蒸灭菌，再高压定型、检验修整，缓慢干燥后，包装成为成品。成品呈长方砖块形，砖面平整光滑，棱角分明。茶叶香气纯正，汤色黄红稍褐，滋味较浓醇，主销甘肃、宁夏、青海、新疆等集散地。

安化黑茶主要品种有"三砖""三尖""一卷"。"三砖"指茯砖、黑砖和花砖；"三尖"茶又称湘尖茶，指天尖、贡尖、生尖；"一卷"是指花卷茶，现统称安化千两茶。

三砖之茯砖——茯砖早期被称为"湖茶",因在伏天加工,其药效似土茯苓,故美称为"茯茶"或"福砖"。茯砖茶是以安化黑毛茶为原料,经过筛分整理、拼堆、渥堆、计量、蒸茶、压制定型和发花干燥等工艺生产的块状黑茶成品。按照品质分为特制茯砖和普通茯砖两个等级,按照压制方式分为手工压制和机械压制。茯砖茶内的金花学名为冠突散囊菌,内含丰富的营养素,对人体极为有益,金花越茂盛,则品质越佳,干嗅有黄花清香。

三砖之黑砖——以安化黑毛茶为原料,经过渥堆、干燥、筛分整理、拼堆、计量、汽蒸和压制定型等工艺生产的块状黑茶成品。按照品质特征分为特制黑砖、普通黑砖两个等级。

三砖之花砖——以安化黑毛茶为原料,经过渥堆、干燥、筛分整理、拼堆、计量、汽蒸和压制定型等工艺加工而成,且砖面四边均具花纹的块状黑茶成品。按照品质特征分为特制花砖、普通花砖两个等级。花砖砖面色泽黑褐,内质香气纯正,滋味浓厚微涩,汤色红黄,叶底老嫩匀称,每片花砖平均净重2千克。

三尖之天尖、贡尖、生尖——以安化黑毛茶一、二、三级为主要原料,根据原料等级的不同,制成三个等级茶品,是安化黑茶的上品。天尖用一级黑毛茶压制而成,外形色泽乌润,内质香气清香,滋味浓厚,汤色橙黄,叶底黄褐;贡尖用二级黑毛茶压制而成，外形色泽黑带褐，香气纯正，滋味醇和，汤色稍呈橙黄，叶底黄褐带暗；生尖用三级黑毛茶压制而成，外形色泽黑褐，香气平淡，稍带焦香，滋味尚浓微涩，汤色暗褐，叶底黑褐粗老。"三尖"茶均采用篾篓散装，这是现存的最古老的茶叶包装方式。

一卷之花卷——是以安化黑毛茶为主要原料，经特殊工艺加工成的产品，因一卷茶净重合老秤1000两，又称"千两茶"。其将经汽蒸变软后的黑毛茶灌入垫有蓼叶和棕片的长圆筒形的篾篓中，用棍、槌等筑制工具，运用绞、压、踩、滚、槌等技术，反复槌压和束紧，使茶支达到致密坚实的要求，最后形成高1.6米左右、直径0.2米左右的呈树状的圆柱体，在自然条件下经"日晒夜露"七七四十九日，自然干燥而成。包装独特，外形硕大挺拔，很具视觉冲击力。其外形色泽黑润油亮，汤色橙黄明亮，滋味醇厚，味中带蓼叶、竹黄、糯米香味。花卷茶包括千两茶、五百两茶、三百两茶、百两茶和十两茶等规格。制作工艺是相同的，但茶越小制作的难度越大，对技师的工艺要求也越高。此茶存放在干燥、无异味的场所，时间越久，其药理保健功效越突出，而且口感更醇厚、自然，已经成为藏家的藏品和客厅装饰品。

湖北黑茶：也称青砖茶，湖北赤壁市羊楼洞古镇是公认的中国青砖茶故乡，从事砖茶生产至今已有200多年的历史，有"砖茶之源，百年洞庄"之说。该茶以本地产的老青茶为原料，经蒸汽高温压制等多道工序制作后压制而成长方砖形。感观上色泽青褐，香气纯正，滋味浓而无青气，水色红黄而明亮，叶底则暗黑粗老。汤色橙红清亮，浓酽馨香，味道纯正，回甘隽永。

青砖茶经发酵、高温蒸压、适当存放自然发酵后，茶叶中的儿茶素和茶多酚比普通茶更易溶于水中，除生津解渴外，还具有化腻健胃、降脂瘦身、御寒提神、杀菌止泻等独特功效，主要销往内蒙古、新疆、西藏、青海等西北地区和蒙古、格鲁吉亚、俄罗斯、英国等国家。湖北"川"字牌青砖茶是黑茶行业中的中华老字号，声誉久远，至今依然是边区人民的日常首选。

广西黑茶：广西黑茶中最著名的是梧州六堡茶，因产于广西梧州市苍梧县六堡镇而得名，除苍梧县外，贺州、横县、岑溪、玉林、昭平、临桂、兴安等地也有一定数量的生产。它选用苍梧县群体种、广西大中叶种及其分离、选育的品种、品系茶树的鲜叶为原料，按特定的工艺进行加工，制造工艺流程是杀青、揉捻、沤堆、复揉、干燥，制成毛茶后再加工时仍需潮水沤堆，蒸压装篓，堆放陈化，最后使六堡茶汤味形成红、浓、醇、陈的特点。

六堡茶中之篓茶，乃是用竹篓包装的六堡紧压茶叶。将毛茶经过蒸揉后，装篓压实，然后放置阴干处。晾贮几个月后，毛茶发酵紧结成块，即可形成有独特醇、陈香味的六堡篓茶。传统的竹篓包装，有利于茶叶贮存时内含物质继续转化，使滋味变醇、汤色加深、陈香显露。用六堡散茶蒸制、压模，可制成六堡饼茶、六堡砖茶、六堡沱茶等。

六堡茶品质独特，有特殊的槟榔味，香味以陈为贵，在我国港、澳地区以及东南亚诸国、日本等地有广泛的市场。六堡茶属于温性茶，除了具有其他茶类所共有的保健作用外，更具有消暑祛湿、明目清心、帮助消化的功效，既可饱食之后饮之助消化，亦可以空腹饮之清肠胃。在闷热的天气里，饮用六堡茶清凉祛暑，可倍感舒畅。故此茶在东南亚一带以除湿而闻名，是当年下南洋的侨民们必不可少的饮品。

四川边茶：四川边茶是茶马古道上重要的黑茶，分南路边茶和西路边茶两类，主销西藏、青海和四川甘孜藏族自治州，被称为藏茶。四川雅安、天全、荥经等地生产的南路边茶，用割刀采割茶枝叶，杀青后经过多次的"扎堆""蒸馏"再晒干，并持续发酵，主要为康砖、金尖两个花色，创制于1074年前后，主要使用四川雅安、乐山一带的原料，后亦选用宜宾、重庆等地的原料,都是经过蒸压而成的砖形茶。康砖品质较高,金尖品质稍次,两者加工方法相同,不同的只是原料品质。康砖茶每块净重0.5千克,金尖每块净重2.5千克。康砖为圆角枕形,色泽棕褐,香气纯正,滋味醇和,汤色红浓,叶底花杂较粗;金尖外形色泽棕褐,香气平和,滋味醇和,水色红亮,叶底暗褐粗老。

四川灌县、崇庆、大邑等地生产的西路边茶,蒸后压装入篾包制成方包茶或圆包茶,主销四川阿坝藏族自治州及青海、甘肃、新疆等地。西路边茶制法简单,将采割来的枝叶直接晒干即可。

藏茶特色是"红、浓、陈、醇":"红"指茶汤色透红鲜活;"浓"指茶味地道,饮用时爽口酣畅;"陈"指陈香味,且保存时间越久的老茶,茶香味越浓厚;"醇"指入口不涩不苦、滑润甘甜、滋味醇厚。

陕西茯砖:此茶又被称为泾阳砖,约出现在14世纪中叶,采用湖南安化黑毛茶做原料,手工筑制,因将茶压成大包,运往陕西泾阳压制成砖,故亦称"泾阳砖"。它茶体紧结,色泽黑褐油润,金花茂盛,菌香四溢,茶汤橙红透亮,滋味醇厚悠长,适合高寒地带及高脂饮食地区、缺少蔬菜水果的人群饮用,特别是对居住在沙漠、戈壁、高原等荒凉地区,主食牛肉、羊肉、奶酪

/ 泾阳位于陕西关中平原中部的泾水之滨，形成了茯茶加工制作运输中心枢纽

的游牧民族而言，素有"宁可一日无粮，不可一日无茶"之说。

云南普洱茶：云南普洱茶以滇青茶为原料，因发酵不同分为生茶和熟茶两种，因原运销集散地在云南普洱，故此得名。有散茶与紧压茶两种。其带有云南大叶茶种特性的独特香型，滋味浓厚，耐泡，经五六次冲泡仍持有香味，汤橙黄浓厚，芽壮叶厚，叶色黄绿间有红斑红茎叶，条形粗壮结实，白毫密布。因其后发酵的特殊工艺，在合适的保存条件下，普洱茶存放时间越久品味越醇厚，具有收藏价值，犹如西方的葡萄酒。

普洱熟茶属于黑茶，是人们运用渥堆技术形成的区别于传统产品"生普"的茶，简称"熟普"。普洱熟茶，是以云南大叶种晒青毛茶为原料，经过渥堆发酵等工艺加工而成的茶。20世纪70年代，人工渥堆技术在昆明茶厂正式试制成功，从此揭开了普洱茶生产的新篇章。研制人工发酵技术是为了解决普洱生茶自然后发酵时间过长，往往要十几年甚至数十年时间的问题，故通过人工模仿自然发酵的过程，以达到快速陈化普洱茶的目的。

发酵这个词应用在茶叶行业中，可以理解为在一定条件下，促进酶的活化，使茶多酚氧化的过程；也可以理解为借助微生物在有氧或者无氧条件下的生命活动来制备新的产物的过程。由于普洱熟茶需要渥堆，传统制作就会出现堆味，所以普洱熟茶需要更醇和，这个过程被称为陈化过程，即微生物的继续作用。存放1~2年内的熟茶多含有草香；1~2年后就会出现熟味，褪去堆味；长期存放的会出现陈味，如药香、樟香、菌香、枣香、参香等。对于普洱茶具有的陈香，有研究认为，这是由于初制日晒和渥堆微生物的作用，茶叶中脂肪酸、胡萝卜素氧化降解，使某些醛类物质和沉香醇氧化物增加。

熟普洱茶主要的活性作用成分是红茶素、黄茶素、茶褐素、没食子酸和维生素C等。这些物质对于提高人体免疫系统功能发挥着重要的作用。

六大茶类，是通过炒制绿茶而逐步发展出黄茶、黑茶、白茶、红茶、青茶的。绿茶、黄茶、黑茶都从杀青开始，白茶、青茶、红茶都从萎凋开始，制法和品质虽各有不同，但都有联系。事物都是变化发展的，六大茶类的制法与品质也都在发展演变。正是人类的好奇、研究和尝试，方有了这五彩缤纷的茶色谱世界。

第三章

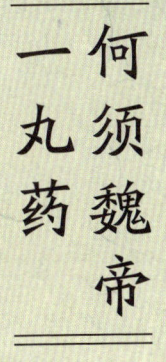

何须魏帝一丸药

茶被誉为21世纪的饮品。现代医学以一系列严谨的科学数据，证实了茶的药理作用。

第一节
茶与中西医文化的契合

神农尝百草的故事，不仅是中国茶叶史的开端，也是中国医学史的源头。茶是中华民族的先民最早接触的药。茶与中医学的融合性，既体现在茶的药理作用上，也与茶文化和中医文化的契合有关。

中医文化是在中国古代朴素的唯物观和自发的辩证法思想影响下形成的。《周易·丰卦·彖传》中说："天地盈虚，与时消息，而况于人乎？"意为人与自然是一个统一的整体，人类只有顺应自然界的变化，才能与天地日月共存，达到颐养天年的最终目的。中医学吸收了这一哲学思想，认为人是一个有机整体，同时依赖自然界得以变化与生存。中医学的这些基本观点，与20世纪60年代在北美兴起的一门综合性的临床医学学科——全科医学的整体观念是一致的，它突出临床实用性、诊疗简便性和服务个体化，立足于社区和家庭，强调预防为主，重视医患关系，充分利用各种社会资源。中西医文化的这些观点，把茶纳入了其文化范畴。

借由茶，可以通往美好的心灵，这就是一个人被茶所"文化"的过程。这里的茶显然不是纯粹作为自然物质饮料和药物的茶，而是经过儒、释、道三家文化所浸润的茶。

《礼记·大学》中有"修身、齐家、治国、平天下"，千百年来被士大夫文人所信奉，它把个人修身与治理天下的理想结合起来，而茶在这当中就起到了非常重要的作用。德性的修养是人们事业成功的重要方面。德在儒家眼里，也是寿的意思，所以有"仁者寿"之说。遵循德的标准，唐代刘贞亮提出了"茶十德"：以茶散郁气，以茶驱睡气，以茶养生气，以茶除病气，以茶利礼仁，以茶表敬意，以茶尝滋味，以茶养身体，以茶可行道，以茶可雅志。这十德中有七德，把身体的感觉与健康结合在一起。

而佛家推崇的茶禅一味，强调了人对现世生活欲望的节制。最早从僧人喝茶开始，茶的三种效果——不睡、禁欲、消食，无一不和身体的协调有关。打坐是对睡眠的节制，禁欲是对色的节制，过午不食是对食的节制，佛教思想对人类欲望有很清醒的认

/ 西安古观音禅寺僧人劳动后吃茶

识,并且也有控制这种欲望的途径,就是通过身体的修炼来达到灵魂的完善。

  道家思想是对中医药学发展影响最大的思想体系,中医药学中的阴阳学说、养生学说、经络学说等都在很大程度上得益于道家的理论和实践。道家把人放在宇宙中来认知,主张人要顺应自然,《内经》的作者根据自然界春生、夏长、秋收、冬藏的自然变化规律,提出"四气调神"的具体措施,而"四气调神"的目的又在于保持阳气的充沛。人体阳气充沛,则生机活泼,精神焕发，就能达到预防疾病、健康长寿的目的。道家讲究养生乐生，把茶作为轻身换骨、羽化成仙的一剂汤药。道家认为，天是最神圣美好的地方，成仙是人类的终极目标，这是一种变相地热爱现世生活的乐生精神，而由此产生的生活观和茶须臾不分。

茶作为一种药物存在已有5000年的历史，它与人类的健康有着密切关系。直到第二次世界大战前，茶叶水都发挥着消毒杀菌的作用。而中国茶人追求的是审美的情趣和感官的愉悦。在人类经历两次世界大战并由此产生绝望和迷惘的一代之后，以饮茶为象征的中国式乐生态度，从东方哲学出发，像为人类投下了一道温情脉脉的月光。茶叶，不啻为一剂抚伤的良药。

第二节
茶的药效功能

我们从一首著名的诗入手，来了解茶的药理性。北宋苏东坡在杭州任太守之时，一天游湖时身体不适，每到一寺便坐下饮茶，病竟然好了，于是留下了《游诸佛舍，一日饮酽茶七盏，戏书勤师壁》一诗："示病维摩元不病，在家灵运已忘家。何须魏帝一丸药，且尽卢仝七碗茶。"并对诗作了注："是日净慈、南屏、惠昭、小昭庆及此，几饮已七碗。"他一路喝过去，远远不止七碗茶，而且喝的是酽茶，就是浓茶。诗中说的是，自己治病哪里需要魏文帝的仙丹啊，只要能够喝下卢仝的七碗茶就够了。

苏东坡的这首诗作为茶与药之间的关系的佐证被一再引用。而我们从茶叶史的发展来看，人类与茶的关系，正是经过药用、食用，后进入品饮的。茶起初就是药，中国历代的重要医学文献与重要药典，多有茶是良好的天然保健饮料的记载，诸如《本草纲目》《千金要方》《医方集论》《摄生众妙方》《华佗食论》《家白馆垩志》等。

《本草·木部》中说："茗，苦茶，味甘苦，微寒，无毒，主瘘疮，利小便，去痰渴热，令人少睡。秋采之苦，主下气消食。注云：春采之。"《神农食经》中："茶茗久服，令人有力、悦志。"华佗的《食论》中说："苦茶久食，益意思。"陆羽在《茶经》中认为茶可以治六类疾病，分别是：热渴、凝闷、脑疼、目涩、四肢烦和百节不舒。唐代著名药学家陈藏器于《本草拾遗》中言："诸药为各病之药，茶为万病之药。"宋代钱易的《南部新书》，则以为饮茶可使人长寿。而明代的钱椿年则在他的《茶谱》上，于《茶经》的六大功效之外，又增加了六种，分别是：消食，除痰，少睡，利水道，明目，益思。其余各类药书中，提到茶的功能还包括醒酒、轻身、去毒、防暑,等等。在日本被尊称为"茶祖"的荣西禅师在他所著的《吃茶养生记》中开章即明言:"茶也,养生之仙药也,延龄之妙术也。"

我们从中国古代中药学的集大成专著《本草纲目》中,可以看到较为全面与权威的传统茶之药理诠释:茶苦而寒,阴中之阴,沉也,降也,最能降火。火为百病,火降则上清矣。然火有五火,有虚实。若少壮胃健之人,心肺脾胃之火多盛,故与茶相宜。温饮则火因寒气而下降,热饮则茶借火气而升散,又兼解酒食之毒,使人神思恺爽,不昏不睡,此茶之功也。

《本草纲目》综合了茶的八项药理功能,它们分别是:瘘疮,利小便,去痰热,止渴,令人少睡,有力,悦志(引自《神农食经》);下气消食,作饮,加茱萸、葱、姜良(引苏恭语);破热气,除瘴气,利大小肠(引陈藏器语);清头目,治中风昏愦,多睡不醒(引王好古语);治伤暑,合醋治泄痢甚效(引陈承语);炒煎饮,治热毒赤白痢,同芎藭、葱白煎饮,止头痛(引吴瑞语);煎浓,吐风热痰涎(引李时珍语);饮食后浓茶漱口,既去烦腻,而脾胃不知,且苦能坚齿消蠹(引苏东坡语)。

第三节
茶的化学成分

茶有如此多项的药理功能，是经得起现代医学的科学实证的。通过大量的药理数据，科学家破析了茶叶中所含的成分，有将近 500 种。主要有咖啡碱、茶碱、可可碱、胆碱、黄嘌呤、黄酮类及甙类化合物、茶鞣质、儿茶素、萜烯类、酚类、醇类、醛类、酸类、酯类、碳水化合物、多种维生素、蛋白质和氨基酸。氨基酸有半胱氨酸、蛋氨酸、谷氨酸、精氨酸等。茶中还含有钙、磷、铁、氟、碘、锰、钼、锌、硒、铜、锗、镁等多种矿物质。茶叶中的这些成分，对人体是大有益处的。

现将茶叶中的主要成分及其药理功能，简述如下。

一是生物碱。主要包括咖啡碱、茶叶碱、可可碱、腺嘌呤等，这些成分对呼吸系统和血管运动，以及抗抑郁都有用处。咖啡因可以使大脑的兴奋作用旺盛；除此之外，还有盐基、茶碱，它们也都有强心、利尿的作用。1820 年，人们从咖啡中发现了咖啡因，1827 年，人们发现茶叶中也含有咖啡因。茶叶几乎是在发芽的同时，就开始形成咖啡因，从发芽到第一次采摘时，所采下的第一片和第二片叶子所含咖啡因的量最高，相对地，发芽较晚的叶子，咖啡因的含量也会依序减少。

二为茶单宁（酚类衍生物）。单宁可制造颜色和产生涩味，茶的颜色和含在口中时的涩味，也都是靠单宁和其他诱导体的作用。单宁并不是一种单一物质，而是由许多种物质混合而成，且很容易被氧化，又拥有很强的吸湿性。越是高级的茶，单宁的含量越多。单宁可以治烧伤，防泻，治胃病，治糖尿病，治高血压、高血脂、高胆固醇、偏头痛等。

三为芳香物质。茶是最注重香气的饮料，主掌茶叶香味的是挥发性芳香植物油，但其含量很少。产生香味的成分很多，其中最重要的就是酒精类，而新茶独特的清香味，是青叶酒精所制造出来的。因其沸点低，且容易挥发，只要碰到夏季、高温，新茶的香气就会消失，若想长期维持新茶的香味，最好将其贮藏在冰箱里，保持5℃的温度。芳香物质主要是镇静祛痰，也可治疗痛风，对伤口进行消毒等。

四是维生素。茶叶中维生素种类很多。维生素C是预防坏血病不可或缺的要素。1924年，日本三浦政太郎博士有关抗坏血病的研究报告证实了茶叶中确实含有维生素C，他又根据维生素C摄取多寡的问题，测量出人一天中所需要茶的量。他发现愈是新茶，维生素C含量愈多；茶叶贮存愈久，维生素C含量愈少。

五是儿茶素。儿茶素成分具有强力抗氧化活性，这一特性于1960年被发现，同时也被确认为是活性最强的天然抗氧化剂，目前有许多食品或商品应用儿茶素做抗氧化剂。试验证实，茶中的儿茶素成分可以有效去除有害自由基，减缓细胞过氧化及脂褐产生，达到抗衰老作用。儿茶素有很强的抗菌作用，对一些食品病原菌如肉毒杆菌、金黄色葡萄球菌、肠炎弧菌乃至口腔中导致龋齿的变形链球菌，均具有极佳的抑菌或杀菌效果。还可以减少胆固醇吸收，抗动脉粥样硬化及降血脂，能有效抑制细胞突变及防癌。

第四节
现代医学证实下的茶药效

现代科学的大量研究证实，茶叶药理功效之多，作用之广，是其他饮料无可替代的。

一是有助于延缓衰老。茶多酚具有很强的抗氧化性和生理活性，是人体自由基的清除剂，能起到阻断脂质过氧化反应，清除活性酶的作用。

二是有助于抑制心血管疾病。茶多酚能够使动脉粥样硬化斑块的生成受到抑制，使决定血凝黏度的纤维蛋白原降低，凝血变清，从而抑制动脉粥样硬化。

三是有助于预防癌症和抗癌。茶多酚可以阻断亚硝酸盐等多种致癌物质在体内合成，并具有直接杀伤癌细胞和提高机体免疫能力的功效。

四是有助于预防和治疗辐射伤害。茶多酚及其氧化产物能够减少放射性物质锶90和钴60等在人体内的吸收，对因放射辐射而引起的白细胞减少症治疗效果较好。

五是有助于抑制和抵抗病毒菌。茶多酚有较强的消炎作用，对病原菌、病毒有明显的抑制和杀灭作用，对消炎止泻有明显效果。

六是有助于美容护肤。茶多酚是水溶性物质，用它洗脸能清除面部的油腻，收敛毛孔，具有消毒、灭菌、抗皮肤老化、减少日光中的紫外线辐射对皮肤的损伤等功效。

七是有助于醒脑提神。茶叶中的咖啡碱能促使人体中枢神经兴奋，增强大脑皮层的兴奋程度，起到提神益思、清心的效果。

八是有助于利尿解乏。茶叶中的咖啡碱可刺激肾脏，促使尿液迅速排出体外，提高肾脏的滤出率，减少有害物质在肾脏中的滞留时间。咖啡碱还可排除尿液中的过量乳酸，有助于人体尽快消除疲劳。

九是有助于降脂助消化。因为茶叶有助消化和降低脂肪的重要功效，也就是有助于"减肥"。这是由于茶叶中的咖啡碱能提高胃液的分泌量，可以帮助消化，增强分解脂肪的能力。所谓"久食令人瘦"的道理就在这里。小横香室主人在《清朝野史大观》卷3中提到纪晓岚的饮食习惯时说："公平生不谷食面或偶尔食之，米则未曾上口也。饮时只猪肉一盘，熬茶一壶耳。"

十是有助于护齿明目。茶叶中含氟量较高，每100克干茶中含氟量为10～15毫克，且80%为水溶性成分。若每人每天饮茶叶10克，则可吸收水溶性氟1～1.5毫克。而且茶叶是碱性饮料，可抑制人体钙质的流失，有预防龋齿、护齿、坚齿的作用。有关资料显示，在小学生中进行"饮后茶疗漱口"试验得知，用茶漱口可降低小学生龋齿率80%。另据有关医疗单位调查，在白内障患者中有饮茶习惯的占28.6%；无饮茶习惯的则占71.4%。这是因为茶叶中的维生素C等成分，能降低眼睛晶体状混浊度，经常饮茶，对减少眼疾、护眼明目均有积极的作用。

第五节
茶与养生

中华养生学产生于上古先民为抗御严酷的自然环境，出于增强体力、抗御疾病、防治疾病的需要，也正在这时，人类发现了茶。养生学在中国有着古老的传统，传说黄帝也正是养生学的开山鼻祖，《黄帝内经》以君臣问答形式提出了养生精论，比如认为个体生命只有顺从自然才得以长生。

养生一词最早见于《庄子·内篇》。认为所谓生，就是生命、生存、生长的意思；所谓养，即保养、调养、补养的意思。养生就是根据生命的发展规律，运用科学的方法，达到保养生命、健康身体、延长寿命的目的。

历史上的圣贤们无不关注人生的最大命题：生与死。《黄帝内经》中说："生者，理之必终者也；终者，不得不终，亦如生者之不得不生。而欲恒其生，画其终，惑于数也。"荀子则说："生，人之始也；死，人之终也。终始俱善，人道毕矣。"魏晋时期的文学家、思想家嵇康在《养生论》中写道："夫神仙虽不目见，然记籍所载，前史所传，较而论之，其有必矣。似特受异气，禀之自然，非积学所能致也，至于导养得理，以尽性命，上获千余岁，下可数百年，可有之耳。而世皆不精，故莫能得之。"欧阳修说："道存，自然之道也。生而必死，亦自然之理也。以自然之道，养自然之生，不自戕贼夭瘀而尽其天年，此自古圣智之所同也。"

养生的观点，是把健康长寿作为终极目标，长寿者被称为人瑞。自古以来长寿都有雅称：60岁称为花甲之年、耳顺之年、还乡之年；70岁称为古稀之年、悬车之年、杖国之年；80岁、90岁称为朝杖之年、耄耋之年；百岁之上称为期颐之年。人们为长寿老人祝寿，还有喜、米、白、茶寿之说。喜寿：指77岁，草书喜字看似七十七。米寿：指88岁，因米字可以拆解成八十八。白寿：指99岁，百字少一横为白字。茶寿：指108岁，茶字的草头代表二十，下面有八和十，一撇一捺又是一个八，加在一起就是108岁！1983年，88岁的大哲学家冯友兰写了两副对联，一副给自己，一副送给同庚的金岳霖。给自己的一副是："何止于米，相期于茶；心怀四化，意寄三松。"意思是不能止于"米寿"，期望能活到"茶寿"。给金岳霖的对联是："何止于米，相期于茶；论高白马，道超青牛。"前两句同，后两句是对金岳霖逻辑和论道方面的赞叹：逻辑比公孙龙的"白马非马"论要高，论道超过骑着青牛的老子。

关于饮茶长寿这点，史书中也有记载。《唐宣宗遗闻轶事汇编》中写道，洛阳来了位130多岁的僧人，宣宗问他："服何药如此长寿？"僧答："贫僧素不知药，只是好饮香茗，至处唯茶是求。"长寿的秘诀是饮茶。孙中山先生也赞茶"是为最合卫生、最优美之人类饮料"。人要健康长寿，清志调畅是一个重要条件，饮茶毫无疑问能够达到这个目的。陶弘景在《养性延命录》中提出："养性之道，莫大忧愁大哀思，此所谓能中和，能中和者，必久寿也。"现代文化名人林语堂也说："我毫不怀疑茶具有使中国人延年益寿的作用，因为它有助于消化，使人心平气和。"日本科学家发现，茶抗衰老的作用约为维生素E的20倍。他们认为，中国患动脉粥样硬化和患心脏病的比例比西方低，除了遗传因素、生活方式、饮食结构外，也与中国人爱饮绿茶有关。

综上所述，可见茶是名副其实的长寿之饮，养生之饮。

第六节
如何科学地喝茶

常饮茶有益人体健康，然而不当饮茶是有害无益的，以下人群应注意。

一为失眠症患者：茶能利尿、提神、兴奋，主要原因是茶中含咖啡因，适量摄入咖啡因对人体的利大于弊。咖啡因是中枢神经兴奋剂，摄入人体后在血液中的半衰期可长达数小时乃至数天，因此患有失眠症的人最好睡前数小时避免喝茶。

二为贫血及服用含铁剂药物的人：茶中的儿茶素很容易与铁结合而生成不可溶的复合物，阻碍了人体对铁的吸收，因此患有贫血症或服用含铁剂药物的人最好避免长期喝茶。

三是素食者：一般素食者很容易患缺铁症及蛋白质缺乏症，有报告指出，素食者常饮茶更容易患贫血或缺铁症，所以要控制饮用量，不可盲目乱喝。

四是太瘦及营养不良和患蛋白质缺乏症之人：常饮茶的好处之一是可以控制肥胖，通过儿茶素对淀粉水解酶和蔗糖酶活性的抑制，可抑制体脂肪积聚，有效防止肥胖。但茶里的多元酚类亦会阻碍人体对蛋白质的吸收，因此长久饮茶很容易造成蛋白质吸收障碍，同时也会抑制人体对钙和维生素B群的吸收，因此太瘦或饮食缺乏蛋白质的人最好避免过量和长期喝茶。

五为空腹及低血糖患者：儿茶素可以在很短时间内迅速降低人体血液中血糖和血中胰岛素含量，所谓空腹饮茶常令人"茶醉"，人体空腹时血糖含量原已偏低，再饮茶则血糖含量会降得更低，很容易导致晕眩、呕心、反胃、心悸等现象，所以空腹及患低血糖症者应忌喝茶。

六为孕妇和小孩：过量或长久饮茶除了可能会导致蛋白质吸收障碍，也可能会阻碍人体对钙和铁的吸收，孕妇和小孩急需钙和铁补充营养和助成长，摄取太多茶，很容易患缺铁性贫血，所以要科学饮茶。

七为刚动手术的病人：虽然绿茶的成分有助于抗癌，能有效对付恶性肿瘤，但是对于一些手术病人就不适用了。研究显示：绿茶里含有的一种物质会阻止"新生血管生成"，患有糖尿病的病患可以多喝绿茶来预防眼疾等糖尿病并发症，而刚动过手术的病人喝绿茶会使伤势痊愈得较缓慢。

另外，新茶并非越新越好，喝法不当易伤肠胃。由于新茶刚采摘回来，存放时间短，含有较多的未经氧化的多酚类、醛类及醇类等物质，这些物质对健康人群并没有多少影响，但对胃肠功能差，尤其本身就有慢性胃肠道炎症的病人来说，就会刺激胃肠黏膜，更容易诱发胃病。对这部分人来说，新茶不宜多喝。此外，新茶中还含有较多的咖啡因、活性生物碱以及多种芳香物质，这些物质还会使人的中枢神经系统兴奋，有神经衰弱、心脑血管病的患者应适量饮用，而且不宜在睡前或空腹时饮用。

第四章

饮之时义远矣哉

一片叶子落入水中

一片叶子落入水中，改变了水的味道，茶，就这样诞生了。而人类与茶的关系，又究竟是如何建立、演进和呈现的呢？

第一节
唐以前茶的药、食、饮用

陆羽在《茶经·六之饮》中说："茶之为饮，发乎神农氏，闻于鲁周公。"人对茶的利用是人类对茶深入认知的过程。

传说中的上古部族领袖神农氏，亦被称为炎帝，是中华文明历史长河中农耕和医药的发明者。彼时人类已进入新石器的全盛时期，原始的畜牧业和农业已渐趋发达，神农则是这一时期先民的代表。传说神农在野外觅食中毒，恰有树叶落入口中，神农服之而得救。神农以曾尝百草的经验，判断它是一种药，茶就此而发现，这是有关中国茶起源的传说，亦是中国先民与茶之间最初关系的展现。可见，人类与茶的第一次亲密接触，是以茶对人类的拯救和维护人类生存繁衍的药用方式开始的。

前1046年，中国商周朝代更替间发生了一场大战，史称

"武王伐纣"。东晋史学家常璩在其史学著作《华阳国志·巴志》中记载说,当时的中国巴蜀一带有八个小方国部落,他们支持周武王攻打商纣王,向周武王献上了不少贡品,其中包括了茶。而且同时代的巴山蜀水中,已经有人在园子里种茶,可见巴蜀作为中国茶业与茶文化最初兴起之地,是有历史根据的。清初学者顾炎武在《日知录》中明确说:"是知自秦人取蜀而后,始有茗饮之事。"也就是在前316年的秦人打下蜀前,蜀人已经品饮茶了。

上贡于西周王朝的茶,究竟作何之用?从古文献《周礼》中我们得知,当时国家司仪部门中有一种职务叫"掌茶",是宫廷祭祀时专门掌管茶事的,茶在这里推测为祭品,其用途很有可能与药用有关。

《晏子春秋》中关于晏婴茶事的史录,是中国史籍中最早关于茶在食用方面的记载,说的是春秋末期齐国著名政治家晏婴任国相时,力行节俭,吃的是糙米饭,除了三五样荤菜以外,只有"茗菜"而已。茗菜在此处可以被解释为以茶为原料制作的菜。而后世的文献《广雅》中,也专门记载了三国末期将茶掺入饭团煮成茗茶(茶粥)的习俗。我们今天还可以在中国云贵川一带看到少数民族将茶做菜、做汤羹的记录,比如基诺族人的凉拌茶,瑶族、侗族人的打油茶，客家人、土家族人的擂茶等。

《晏子春秋》是最早将茶与廉俭精神相结合的解读文本，它可以被理解为春秋时期的茶已作为一种象征美德的食物。这种修身养性的精神特性无疑得到了茶圣陆羽的高度共鸣，故他在《茶经》中一再指出："茶性俭（《茶经·五之煮》）"，"最宜精行俭德之人（《茶经·一之源》）"。

中国最早的饮茶方式和茶叶贸易在西汉末年王褒写的《僮约》中作为文献被记载下来，说的是书生王褒要奴仆"烹茶尽具"和"武阳买茶"。而真正记载茶为饮用的是在三国时期，那时已经出现"以茶代酒"的史料记录，证实宫廷中已出现可上宴席的茶饮。而两晋南北朝的300多年间，正是中华民族大融合的历史时期，饮茶习俗在中国南方风靡的同时，也流传到了北朝高门豪族，又由士大夫阶层携引，从庙堂之间登堂入室。南北朝时期的茶甚至已经成为皇家的甘露，成为皇帝陵前不可或缺的祭品。中国茶文化开始从儒、释、道的精神土壤里破土而出，开始进入人心，而饮茶之风在经过波折之后，亦作为普遍的保健饮料和高洁的精神象征，以润物细无声的姿态渗入社会生活。值得强调的是，5世纪末，中国与土耳其商人在蒙古边境进行贸易时，茶叶已经成为首要的贸易物品，这说明茶叶的国际贸易也就此开始了。

/ 山东邹城邾国故城战国墓出土的茶碗。碗中的茶叶遗存是目前考古发现年代最早的饮茶实物证据

第二节
鼎盛年华的唐煮茶

  茶兴于唐。唐是诞生茶圣陆羽的时代,茶文化在唐代法相初具。从饮茶地域上看,此时的中原和西北少数民族地区都已嗜茶成俗,饮茶的地域性局限已然消失。饮茶亦已没有了身份地位的限制,也成为普通人的嗜好。寺庙僧院做为饮茶场所被世俗

普遍认可。中唐的寺院甚至出现了"一日不作一日不食"的农禅戒律，而农禅中的主要对象就是茶。名山名寺出名茶，成为大唐帝国的共识。茶已被看作生活的必需品，故时人说："茶为食物，无异米盐，于人所资，远近同俗。既祛竭乏，难舍斯须，田间之间，嗜好尤切。"此言实际上就是"柴米油盐酱醋茶"的唐朝版解读。恰是自唐始，中华各民族将茶作为生活的一部分，尤其吐蕃与回纥，从此开始延续不可一日无茶的民族习俗。

641年，唐文成公主进藏，嫁妆中就有茶叶和茶种，推广和发展了藏地吐蕃的饮茶习俗。中唐以后的茶马交易使吐蕃与中原的关系更为密切，并开启了后世茶马古道的漫长茶路。此后，在不产茶的青藏高原，人们也开始饮茶。唐代的西蕃上流社会，已贮藏了中国江南如寿州、舒州、顾渚、蕲门、昌明、邕湖等各地的茶，可知茶在藏地已经具备重要地位。

就茶叶生产和贸易而言，中国南部14个省份产茶，中国茶区格局形成。白居易《琵琶行》中的"商人重利轻别离，前月浮梁买茶去"，发生地"浔阳江头"，就是唐朝重要的茶叶贸易集散地九江。文人对茶的歌颂和记录使大唐留下了大量诗文论著，而国家对茶叶贸易的足够重视则是开始征收茶税。

与此同时，唐代无论是制茶还是饮茶，都有了相当精致的演进。制茶工艺在陆羽的《茶经》里,被概括为"采之、蒸之、捣之、拍之、焙之、穿之、封之"14个字,最后的成品是紧压的茶饼。而品饮则以"唐煮"为法,把茶饼磨成粉后投入沸水中煎煮,如何煮便是茶之技艺,涉及水、火、器,时间,空间,等等。煮好的茶堪称琼浆玉露,而如何完美地品饮,更是一件非常重大的事情。茶虽已普及,但对茶的敬仰使人们不敢轻慢,品茶的过程要讲究合乎礼仪,饮茶更多地强调精神层面,显示了中国茶文化的博大精深。

《茶经》的问世,标志着茶学和茶道的形成,也标志着茶文化的形成。其在中国乃至世界茶文化史上具有的崇高地位,古今无人相匹。唐以前也有茶文献、茶文学,但分散零碎,不成系统,直至唐代终于蓄势而发,涌现了一批茶学专著,如裴汶的《茶述》,张又新的《煎茶水记》,苏廙的《十六汤品》,温庭筠的《采茶录》,王敷的《茶酒论》等。

茶圣陆羽是唐朝也是中国茶历史上的划时代人物,复州竟陵也就是今天的湖北天门市人。他一生嗜茶,精于茶道,工于诗词,善于书法,因著述了世界第一部茶学专著——《茶经》而闻名于世。陆羽出生后被遗弃在天门龙盖寺外的湖畔,清道光年间的《天门县志》中提及说:"或言有僧晨起,闻湖畔群雁喧集,以翼覆一婴儿，收畜之。"收养陆羽的僧人为智积禅师。

陆羽自幼好学，为禅师煮茗，做杂务，因不愿意皈依佛门，备受劳役折磨。11岁时逃出寺院，投奔戏班子演戏。他诙谐，善变魔术，还会编写剧本，少年时便显露才华。

746年，诗人李齐物被贬到竟陵任太守。他很赏识陆羽，赠其诗书，并介绍他去天门西北火门山邹夫子处求学。753年，陆羽21岁时，礼部员外郎崔国辅被贬为竟陵司马，陆羽同崔国辅交游3年，直至754年春天，陆羽拜别崔公，出游中国各地的茶叶产区，755年夏回竟陵，在古驿道旁的东冈村定居，整理出游所得，深入研讨茶学，酝酿茶著。

756年，为躲避安史之乱，陆羽逃难过江，此后遍历长江中下游和淮河流域各地，考察、搜集了不少采制茶叶的资料。760年游抵湖州，与僧皎然结为忘年之交，潜心著述，其间结识了多位名僧高士。780年，《茶经》付梓。781年，陆羽名闻朝野，唐德宗赏识其才，诏拜他为"太子文学"，他不就职；不久，唐德宗又改任其为"太常寺太祝"，他亦不从命。804年，孑然一身的陆羽在湖州青塘门外青塘别业辞世，终年72岁。陆羽的形象被后世塑为瓷像，敬为行业之神，被公认为古代中国茶文化的灵魂人物和集大成者。

《茶经》3卷共10章，7000多字，基本总结了唐以前茶事活动的全部内容，直接或间接地对茶叶生产历史、生态环境、栽培技术、制茶工艺、饮茶习俗、茶叶功效等方面进行了潜心研究，并做出了比较系统而全面的总结，普及了种茶、制茶的科学技术，指导了茶叶生产实践，促进了茶叶生产的发展，而且极大地拓展了茶叶消费，使饮茶在中国普及成俗，一升而为举国之饮。故美国学者威廉·乌克斯在《茶叶全书》中说："《茶经》是中国学者陆羽著述的第一部完全关于茶叶之书籍，于是在当时中国农家以及世界各有关者俱受其惠。"

《茶经》不但系统地总结了种茶、制茶、饮茶的经验，而且将儒、释、道三家精神之精华与茶融于一体，唐代茶文化的最高层面，是以陆羽为首的唐代茶人创立的茶道。茶道，即关于茶的人文精神及相应的教化规范，其精神内核为陆羽提出的"精行俭德"，由此将茶升华为博大精深的文化。

《茶经》首次把饮茶当作一门艺术，以中国古典美学的基本理念为视角，创造了从烤茶、选水、煮茗、列具、品饮等一套中国茶艺的美学意境。通过陆羽和他的一大批文坛茶友的共同努力，唐代中期茶文化的发展出现了一个高潮期，琴棋书画诗酒茶，从此成为高雅的行为方式。

/ 唐代人喝茶要先将茶叶烘干碾碎，鎏金刻鸿雁纹银茶槽子是文思院专为唐僖宗打造，后唐僖宗将其供奉于法门寺地宫。现藏法门寺博物馆

　　法相初具的唐代茶事，标志着茶文化鼎盛年华的开始；也正是唐代的茶文化，深刻影响和确立了今天的中国乃至世界的茶文化格局。

第三节
登峰造极的宋代点茶

宋代（960—1279年）的茶，可说是处在其发展的尖端，呈现出了以下几个特点：一是华夏各民族大交融带来的品饮习俗大传播；二是大唐气势中的张扬外扩渐被宋代理学的沉潜内敛所取代，其理念也渗透到茗饮生活中；三是茶的制作技艺开始分化，一面是精美奢侈导致紧压茶的逐渐没落，另一面则是民间那生机勃勃的散茶充满野气地在山间寺院自生自长；四是茶礼茶仪向皇家茶与民间茶两端发展，市民茶文化活动不可遏制地澎湃兴起；五是承继唐代文士的浪漫情怀，茶与各相关艺术门类有了更为深入更为全面的结合。

自唐以后的五代十国至宋朝初年，全国气候由暖转寒，春季明显推迟，江南贡茶无法在清明之前到达京城，致使茶业重心由东向南移，南方茶区逐渐取代长江中下游茶区，成为茶业的重心。作为贡茶的福建建安成为中国团茶、饼茶制作的主要技术中心。

唐宋以来，茶叶作为商品在国内广泛流通，11世纪左右，茶叶已经成为中国最大的经济产业之一，"摘山煮海"给中国尤其是中国东部沿海地区带来了巨大财富。彼时的中国茶叶已输出到东南亚一带，而通过温州、泉州、杭州等港口输出到新罗、日本的茶叶也为数不少。其基本原因：一是茶便于种植销售，便于包装远销，方便扩大消费群体；二是无论贵贱都可饮茶，在中国这样一个等级观念非常强烈的封建社会中，饮茶可上得庙堂，下得厨房；三是各民族都喜欢喝茶，茶马交易顺畅，无疑扩大了消费族群。

宋代是中国茶叶生产飞跃发展时期，茶的种植面积和区域有所扩大，产量大有增加，推算年产量有 5300 多万斤，较唐代增长 2 倍多。故宋代的茶政也更为严格。茶政是国家对茶种植、加工、储运、经销、进贡等各项管理上制定的政策和法规。宋代的茶政有其鲜明特色。一是贡焙重心由浙江长兴的顾渚山贡茶院移往福建建瓯凤凰山麓的北苑贡茶院，贡茶名品达到四五十种。二是宋代倍加重视榷茶制度，也就是茶的专买制度。茶的政治属性已远远超过了商品属性，宋代榷茶专卖制度的设立极有特点，整个国家计有多个山场成为茶的管理机构，包括管理园户，管理买卖茶货。三是茶马互市和边茶贸易政策。由于当时已经形成了"夷人不可一日无茶以生"的状况，茶成了边境安全的必需物资，茶马交易是中国历史上以官茶换取少数民族马匹的政策和贸易制度。宋代强化茶的禁榷，设立了茶马司，开展茶马贸易，此举也有利于民族团结和凝聚中华传统文化。

于是在这一历史阶段，茶大规模地进入西夏、辽、金。西夏王国建立于宋初，在打打谈谈的历史交往中，宋送给夏的茶由原来的数千斤，上涨到数万斤乃至数十万斤之多。1044年，宋辽双方议和，辽从宋输入茶叶的同时，也引进了宋代的饮茶法，我们可以从近年出土的辽墓壁画如《煮茶图》中看到中原茶事对辽的影响。而女真建金国后，在以武力不断胁迫宋朝的同时，也不断地从宋人那里取得饮茶之法，而且饮茶之风日甚一日，茶饮深入民间，地位不断提高。

宋代，因为茶的品饮方式不同，制作方式亦不同，出现了三种品类的茶。第一种品类的茶，叫团饼茶。表面有龙凤纹饰的称作"龙团凤饼"，团饼茶把中国茶的制造艺术推送到了登峰造极的地步。第二种茶叫散茶（叶茶），特点是蒸而不碎，碎而不拍，是直接烘干的茶叶。第三种茶叫花茶，花类很多，花茶的出现，在茶叶生产史上可以说是非常重要的创造。

继经典的"唐煮"之后，人们迎来了形神俱备的"宋点"时代。点茶，就是将茶末置于茶盏，并以沸水点冲，茶筅击拂而成茶汤的一种技艺。从煮茶进入点茶——茶的新品饮方式就此

/ 宣化辽墓壁画中，妇人正在准备茶饮

出现。

  点茶的第一步是制作"茶末",先将茶饼碾碎成精细至极的粉末。然后是"候汤",也就是注意掌握水沸的程度。正式点茶时,先将适量茶粉放入杯盏,点泡一些沸水,将茶粉调和成膏,再添加沸水,边添边用茶匙(茶筅)击拂,最终成茶汤。这样的茶汤又演绎出分茶,也叫茶丹青、茶百戏,是通过点茶让茶汤面上呈现种种艺术画面,比如花鸟、鱼虫、罗汉等。这是一种极其讲究的品茶生活技艺,这种茶之技艺催生了斗茶,斗茶成为品评茶高下的重要竞技方式。

  宋承唐代饮茶之风,的确到了登峰造极之地步。一是饮茶习俗从中心到边疆,更多地向四周辐射。二是饮茶之风从民间扩散至宫廷,进入由最高统治者的宫廷生活——皇帝亲自领导的时代。宋徽宗著作《大观茶论》是那个时代茶叶文献的经典代表作,而贡茶中的龙凤团茶,则是历代贡茶中的绝品。三是市民茶俗大兴。茶以文化象征物与生活必需品的双重身份出现,进入人们的精神世界,真正意义上的茶馆模式在这个时代兴起。

  如果说,宋以前茶与儒、释、道的精神事象尚属共振共鸣,那么相比而言,宋代茶与儒家学说的结合更加紧密,其表现方式是茶与宋代理学思想的结合。理学思想解释的茶文化精神,将茶

/ 江苏镇江润州区非遗宋代点茶传承弟子周明波在制作茶艺作品"金山"

理与天理、人礼结合在一起，宋代无论精神生活，还是世俗生活，人们的生活中都深深地渗入了茶汤的印记。

宋代也出现了一系列的茶诗、茶画、茶诗文等，多以品茶的文人雅士和市井生活为主题。茶与文学之间的关系，在宋词蓬勃的时代，更呈现出万紫千红的局面。前期以范仲淹、梅尧臣、欧阳修为代表，后期以苏东坡和黄庭坚为代表。对茶器具的讲究随着中国瓷器的发展和品饮方式的改变而更加精致多样，宋一代的茶器具越来越鲜明地体现出了其审美的意趣，当时的日本留学僧把从径山寺传过去的宋代建窑黑釉盏称为"天目碗",尊为茶道的至宝。

宋代茶文化与日本茶道的关系,是从南宋绍熙二年(1191年)日本僧人荣西将茶籽从中国带回日本开始的。日本虽早在奈良朝时期已有最澄和空海将茶引入,但日本茶道并未延续。直至南宋荣西从中国携回茶籽,将茶籽种植于筑前背振山及博多圣福寺,又赠送明惠上人三粒茶籽栽植于栂尾山,不久分植于宇治——为宇治茶园之始——渐使茶在日广植,荣西因此被尊为"日本茶祖"。而宋代的点茶传至日本,成就了今天日本的抹茶。

"茶兴于唐而盛于宋。"宋代茶文化的盛事,是中世纪人类品茶艺术登峰造极的标志,在世界茶文化发展史上,起着承上启下的重要作用。

第四节
精彩纷呈的瀹沏时代

茶文化自两晋萌芽,唐成格局,宋以拓展,自元以降,风貌辽阔而芜杂,进入百舸争流的江流海洋。

在元、明、清三个朝代近700年的时间里,茶文化有着长足发展,之所以将这700年茶文化的发展放在一起说,主要在于在这700年间饮茶方式的趋同一致。其中元为紧压茶走向散茶的过渡时期,明代则是以散茶冲饮为主要饮茶方式的时代。这种饮茶史上的革命性的方式,带来了与茶相关的诸多方面的重大改变,给时代留下了深刻印记:一是制茶技术的革命与茶类制作的百花齐放;二是品饮艺术的跟进;三是中华民族以茶交融,边茶贸易更趋频繁;四是茶向海外的冲击扩展。

元人大多开始接受散茶煮饮这种方式,芼茶这种古老的吃茶方式也在民间流行,人们在茶中加入各种食物,连饮带嚼,颇为享受。点茶的方式就此逐渐消亡,建立在点茶方式上的"斗茶""茶丹青"等茶的高难度冲泡技艺,也就此退出历史舞台。自元入明,中国茶史上的一件大事发生了,洪武二十四年(1391年),明代开国皇帝朱元璋下令正式取消进贡团茶。罢进团茶,改进散茶,技术的进步带来饮茶方式的改变,炒青制茶方式带来饮茶史上的革命性巨变。朝廷的风尚必然引领社会风潮,上行下效,茶叶炒青技术自此普及全国,成为中国沿袭至今的制作绿茶的主要方式。花茶制作技术亦在这个时代成熟。这种从宋代就开始被人试验的茶,历经数百年之后,终于在明代得以普遍地被品饮。与此同时,红茶、乌龙茶也相继诞生,现代六大茶类,至此全部形成。

明人冲饮法是以散茶冲泡,将制作好的茶叶放在茶壶或茶杯里用开水冲泡后饮用,明朝人为之"旋瀹旋啜",并称之为"瀹茶法",而各少数民族的混饮方式亦成熟大兴。在茶饮方面的最大成就是"工夫茶艺"的完善,这是一种融精神、礼仪、沏泡技艺、巡茶艺术、评品质量为一体的完整的茶饮形式,发展至今,成为中国人品茶的重要方式之一。

明代朝廷继续与边疆少数民族进行着茶马交易,清代茶政较前朝在执行上更为松弛,1735年,实施了将近700年的茶马交易终于在清代寿终正寝。与此同时,明代也是中国传统茶类向近代多种茶类发展的开始时期,郑和七次率领船队出使南亚、西亚和东非30余国。同时,波斯(今伊朗)商人、西欧人东来航海探险旅行,以及传教士的中西交往,把中国茶文化传往西方,为以后的中国茶叶大量输入欧洲做了宣传和舆论准备,亦为清初以来大规模地开展茶叶国际贸易奠定了商品基础。清代随之而起的是青枝绿叶的漂洋过海,远航他乡,环球商行,中国向世界输出中国茶与中国茶文化,改变了全球茶叶地图的格局。

随着经济的变化进程,茶文化也呈现出相应的风貌,与三个朝代相照应,茶文化的审美意趣也总体呈现三个阶段的不同特征。第一阶段为元至明初的简约真朴。农民出身的开国皇帝朱元璋对知识分子的控制很严,文人以慎独为修身养性的规诫,风雅之举难再。第二阶段为明中期至清中期,社会财富又得以重新聚集,人们的精神生活也得以逐渐丰富,市民阶层发展壮大,茶事亦随之渐入烦琐精细。市民阶层在诸多生活细节里都更为直接地渗透了茶的文化内涵。第三阶段为清代中、后期,触角一直后延至民国初年,随着国门的打开,国家性质的改变,此一历史时期城市的茶世相和茶道趋向大众化、平民化,城市的茶馆更偏于向中下层市民开放服务,茶馆的复合性功能更加突出,与说唱和舞台艺术的关系更为密切。

而在中国南部,城市的茶习俗也日益与日常生活紧密结合,典型的例子就是广东"早茶"样式的出现。茶水在此起着佐食之意。茶就是以这样的方式,低调、普遍而直接地进入了一日三餐,并迅速地被中国大多数城市的市民接受,成为茶文化中一个独特而又重要的方式。

元明清时期的茶与文艺,在漫长的700年间呈现着各自的面貌。元代在文学中留下了元曲的文学样式,这种样式也体现在有关茶的文学创作中;明代文人茶与僧道、隐逸的关系更为密切,明代留下的许多诗文体现的都是这样一种隐逸之心;清代茶事多，乾隆的众多诗作使得茶事活动有了真实的史料记载，他对茶的评价也非常到位。元代是文人画的集大成时代，元明清画家更注意茶画的思想内涵。而明清之际茶器领域里的艺术性最强的呈现，则是紫砂壶艺术。紫砂壶和茶有一个本质上的共性，就是平易近人与深不可测的完美结合。明清两代制壶大师都留下了极为精美的紫砂壶，他们师承继代，扬名于壶，存世至今的亦有不少。将中国茶文化的审美功能推向了又一个艺术高峰。

元明清之茶事，用700余年完成了一个重要的更新与变革，无论是制作、销售还是品饮，茶都处在重大转型期，一切由此带来的新生与消亡、兴奋与悲凉、收获与失去、振作与无奈，都在小小一片茶叶上呈现。此一阶段的茶文化，凝聚着更复杂多变的社会动荡与更替元素。

明清两朝，中国实行了一种特殊的朝贡贸易政策。这种朝贡贸易具有独特的双重性质：一方面对海外奉行开放政策，允许皇家的海船队下西洋进行官方贸易，也准许西洋海船到中国来进行由国家独占市舶之利的贸易；另一方面却对本国商人出海厉行封禁政策，明令禁止沿海居民私自出海，规定"片板不许下海"，乾隆时期又明令撤销市舶司，严厉打击走私贸易。

至清中期，政府对外贸又制定了独有制度，由广州的十三

一片叶子落入水中

/英国画家威廉·丹尼尔所描绘的广东十三行

行"一口通商",广州由此成为全国唯一海上对外贸易口岸。随着十三行进出口的贸易额节节增长,广州成为清代对外贸易中心。到鸦片战争前,洋船多达200艘,税银突破180万两。十三行被称作"天子南库"。

在十三行开设洋行的同时,还修建了一批夷馆,廉价租给外国人办理事务、住宿或者作为仓库。在清道光年间,一共有13所,所以有十三夷馆的称谓。

设立十三行,是清廷严格管理外贸活动的重要手段,其目的在于防止中外商民自由交往。十三行具有官商的社会身份,也是清代重要的商人资本集团。清廷于乾隆十年(1745年)从广州20多家行商中选择殷实者5

家为保商，建立保商制度。责任是承保外国商船到广州贸易和纳税等事，承销进口洋货，采办出口丝茶，为外商提供仓库住房，代雇通商工役。鸦片战争后，十三行毁于广州西关大火。

十三行商人成为中国近代商帮中最有国际意识、资本主义萌芽最明显的一批人——那时候潘家已经开始使用伦敦的汇票，接触西方金融制度。伍秉鉴曾经投资美国西部铁路；潘振承曾经投资瑞典东印度公司，参与国际三角贸易；潘振承还曾经买下武夷山的茶园，并且用自己的船运往南洋，试图包揽生产、收购、运输、销售的环节，形成一个完整的贸易链条。这些都说明十三行具备现代企业的雏形。

1785年，中国茶叶出口共232030担，出口英国为154964担，出口瑞典为46593担。在当年的对华贸易各国中，中国与英国、瑞典的茶叶贸易量分别处于第一、二位。但是时代决定了十三行不可能转型成功，1842年，清政府在鸦片战争战败后签订《南京条约》，规定"英商可赴中国沿海五口自由贸易"，十三行失去外贸垄断的特权。1856年，十三行在第二次鸦片战争中被焚毁。

1840年鸦片战争之后，中国五口通商，茶叶成为大宗的出口产品；1843年，上海被辟为通商口岸，中国茶叶外销，由广州改自上海等地出口；1868年，中国海关始有茶叶输出统计；1886年，中国茶叶出口达134099吨，创历史最高纪录；但仅仅一年之后的1887年，中国茶叶就从出口第一位降为第二位，一枝独秀的局面从此改变。

众所周知，鸦片战争后，中国传统的自给自足式农业解体，印度、锡兰（今斯里兰卡）、日本大力发展制茶技术，创制揉茶机、烘茶机，采用成套机器，进行加工制作，印、锡红茶在英国迅速占领市场，东邻日本的茶业也迅速发展。1862年，日本第一家茶叶复焙茶厂在横滨建立；1897年，日本开始用机器制茶，日本绿茶在美国很快打开销路。但直至19世纪八九十年代，中国茶叶生产和出口量仍居世界首位。1886年后，中国茶叶出口量开始下降；从20世纪初开始，世界茶叶格局大变，中国茶业由盛转衰，印度等国后来居上。西方现代文明对中国茶业也有了实质性的冲撞，使茶叶在各个环节都呈现出与中国传统茶学所述不同的面貌。而中国现代茶学的格局与诸多方面的建设，也在这个年代打下基础。

茶叶制作上的改良和创新，体现在以下重大茶事件上。1896年，福州成立福州机器造茶公司，是为中国最早的机械制茶企业；1905年，中国首次组织茶叶考察团，由郑世璜、周复率领茶工数人，赴印度、锡兰考察茶叶产制，回国时购得部分制茶机械，宣传机械制茶方法和先进的产茶、制茶技术，试验地设于南京；1914年，云南派朱文精去日本学习茶务，这是中国第一位公派学习茶务的留学生。1931年，中国制订茶叶检验规程，在上海、汉口成立检验机构，办理茶叶出口检验；1937年，中国联合组织成立了中国茶业公司；1938年，中国财政部公布茶叶出口贸易大纲，实行茶叶统购统销。同年，由吴觉农代表中国与苏联签订易货协定，指定茶叶为主要易货物资。同年，中国在香港地区设立华易公司，而早在1636年，荷兰人就利用中国大陆的商船，从福建厦门输送茶叶到中国台湾地区，并以中国台湾地区为转运站再运往伊朗、印度、雅加达等国。1940年，在复旦大学教务长孙寒冰和财政部贸易委员会茶叶处处长兼中国茶叶公司协理和总技师吴觉农的倡议和推动下，迁址重庆的复旦大学增设茶业系（科），由吴觉农兼任系主任，并于1940年秋开始在各产茶省招生，这是中国高等院校中最早创建的茶叶专业科系。

中国台湾地区的茶事兴起于清中期。清嘉庆年间，柯朝从武夷山带回茶种种在台湾地区北部栎鱼坑（新北市瑞芳区一带），这便是北部植茶之起源。清咸丰五年（1855年），福建人林凤池由武夷山带回软枝乌龙茶苗移植于鹿谷乡冻顶村，其制茶工艺源自闽南,台湾冻顶乌龙茶的历史从此开始。清光绪年间(1875—1908年)张乃妙、张乃干兄弟又由福建安溪引进铁观音茶种,种于木栅樟湖地区,中国台湾地区从此有了名冠天下的好茶。

进入全球国际视野的中国茶,在最艰难的岁月也保持着光荣印记,继1910年江苏碧螺春茶获南洋劝业会金奖之后,1915年,在美国旧金山举行的"巴拿马-太平洋国际博览会",中国送展的多种茶品获得金奖和大奖,给中国茶人带来信心和鼓励。

茶学界的标志性人物吴觉农也出现在这个时代,被人们誉为中国"当代茶圣"。以吴觉农为代表的茶人,把毕生精力放在振兴中国茶的伟大事业中,他们将茶运与国运紧密相连,表现出对新文化的高度关注和不懈追求。

当代茶圣吴觉农是中国茶业复兴、发展的奠基人,是中国现代茶学的开拓者,出生在浙江省绍兴市上虞区丰惠镇。1919年,吴觉农赴日本留学,专攻茶学。青年时代的吴觉农以严谨的学术态度考证茶树原产地问题,发表了2万余字的《茶树原产地考》,向全世界证实了"中国是茶树的故乡",此为其对茶事发展的第一个伟大贡献。之后又完成了《茶树栽培法》和《中国茶叶改革方准》两篇重要论文,分析了中国茶叶出口的历史,并

/ 吴觉农，浙江上虞人，现代茶叶事业复兴和发展的奠基人

从栽培、制造、贩卖、制度和行政、其他的关系等五个方面剖析了中国茶失败的根本原因，同时提出了培养茶业人才、组织有关团体、筹措经费、茶税分配等振兴中国茶的改革方案。此为他的第二大茶事贡献，那一年吴觉农只有25岁。贡献之三为于1933年倡导制定中国首部《出口茶叶检验标准》。贡献之四是与复旦大学孙寒冰教授在中国高等学校中创建第一个茶叶系。贡献之五是创建第一个国家级的茶叶研究所。贡献之六为最早提倡并实施

在农村组织茶农合作社。贡献之七为主持翻译世界茶叶巨著《茶叶全书》。贡献之八为组建新中国第一家国营专业公司——中国茶叶公司。贡献之九是主编"20世纪新茶经"——《茶经述评》。贡献之十是在他生命的最后时光,90周岁生日上,领衔发起倡导建立中国茶叶博物馆。今天的中国茶叶博物馆里还挂着吴觉农先生的题词:"中国茶业如睡狮一般,一朝醒来,决不会长落人后,愿大家努力罢!"

纵观茶史,这百年来的艰辛跋涉,可用16字形容:出我幽谷,上我乔木,茶兮叶兮,凤凰涅槃。

第五章

青枝绿叶走天涯

晚清时期，印度、锡兰、日本开始出口茶叶，中国茶一花独放的格局从此一去不复返。17世纪开始的茶叶环球远航，不但完全改变了世界茶叶的格局，更影响了全球2/3人口的饮品结构，可谓人类生活中饮品选择的一个极为重要的历史阶段。

中国茶在全世界大规模传播，严格来说，是从17世纪开始的，直至19世纪初，共经历了5个传播时期。

第一时期在5世纪至7世纪之间，土耳其人在中国边境与中国人以物易物，进行中国茶贸易。

第二时期当在唐宋之际，早在714年，唐朝就设立了"市舶司"来管理对外贸易，而日本则设立了遣唐使进行文化交流。中国茶通过海陆间的丝绸之路输往西亚和中东地区，以及朝鲜和日本。而在唐宋之间的五代十国时期，盛产茶叶的吴越国与朝鲜、日本有着密切的经济交往，和辽国共有17次互访，与南洋诸国亦保持着热切的贸易往来。五代十国时期的茶，在世界茶叶贸易史上也起着重要的作用，并深刻地影响了两宋间的贸易。

第三时期为明代，是中国古典茶叶向近代多种茶类发展的开始时期，为清初以来大规模地开展茶叶国际贸易提供了商品基础。16世纪初，第一批欧洲商船来到中国，茶叶开始了对西方的远征。

第四时期为 17 世纪和 18 世纪，另外工业革命也使得茶叶的传播速度迅速增加。

第五时期为 20 世纪中期到现在，是中国茶叶重新振兴的历史阶段。

第一节
扶桑之国的千年茶气

今天的茶与茶文化，是世界各国人民的物质与精神活动，日本所产之茶与日本茶道，在全球茶叶格局中呈现出非常鲜明的特色。今天，日本茶道已经成为日本精神的重要呈现方式，而日本茶道的滥觞，当推之于中国唐朝。

805 年，日本高僧最澄在天台山学佛后回国，把天台山的茶籽带去日本，种在今日本滋贺县的日吉神社旁边，这是日本最早栽种茶树的记载。另有空海大师多次往返于日本和中国，从五台山带回茶叶和茶籽。此二人都是日本栽种茶树的先驱者。

日本弘仁五年（814 年），空海给嵯峨天皇上了《空海奉献表》，其中说到："茶汤坐来，乍阅振旦之书。"此为日本最早的饮茶记录。当时的茶和日本的贵族、高僧联系在一起，民众远未到登场之际。而伴随着茶之意象的，则是一幅幅奇幽的画面——深峰、高僧、残雪、绿茗，正是这些画面，形成了弘仁茶风，也为日本茶道的确立提供了前提。

唐时一位名叫永忠的日本高僧，曾在中国生活了30年，与中国的茶圣陆羽是同时代人。其人在中国寺院中大品茗茶时，属于中国文人的茶的黄金时代也刚刚开始。永忠回国之后，在自己的寺院中接待了嵯峨天皇，他双手捧上的，就是一碗从东土而来的煎茶。自此，平安朝的茶烟，便开始弥漫起高玄神秘的唐文化神韵。

1168年，日本留学僧荣西首次回国，并将中国茶籽带回日本，并在肥前（今佐贺县）的背振山上试种。这里的风土适合茶树生长，所制岩上茶闻名日本。1207年，栂尾的明惠上人来向荣西问禅，荣西请他喝茶，并告之饮茶有遣困、消食、快心、提神、舒气之功，还赠给他茶籽。高辨就此在栂尾山种植茶树，之后该地出产了日本珍贵的本茶，栂尾山成为日本著名产茶地，后世一些有名的产茶地如宇治等地的茶种，大多是从栂尾移植过去的。1191年，日本留学僧荣西第二次回国时，因海风将船吹至

/ 高山寺被称为日本第一古茶园，栂尾也称为日本第一产茶地

长崎县平户岛,他又将从此次带回的天台茶籽播种在该地富春园。次年,荣西将他所著的《吃茶养生记》一书献给幕府,这是日本第一部茶书。该书一开始就写道:"茶也,养生之仙药也,延龄之妙术也。山谷生之,其地神灵也。人伦采之,其人长命也。天竺唐土同贵重之,我朝日本曾嗜爱矣,古今奇特仙药也,不可不摘。"荣西在书中介绍了茶的功能和种类、茶具,以及采茶、制茶、点茶的方法,奠定了日本茶道的基础。

荣西还在今天佐贺县背振山及博多的圣福寺种下茶籽,又将茶籽送给山城的栂尾高山寺明惠上人,明惠上人又把茶树分植至宇治。

随着茶树栽培的普及,饮茶成为日本广大民众的习俗。日本茶道把中国浙江的径山寺视为日本茶道的祖庭,其文化传承的历史正是从宋代开始的。径山寺坐落在今浙江杭州余杭区,由唐朝僧人法钦创建,蔚为江南禅林之冠,历代都有日本僧人留学于此。因地处江南茶区,历代多产佳茗,尤以凌霄峰所产为最。相传法钦曾手植茶树数株,采以供佛,逾年蔓延山谷,其味鲜芳,特异他产。历代以来,径山寺饮茶之风颇盛,常以本寺所产名茶待客,久而久之,便形成一套以茶待客的礼仪,后人称之为"茶宴"。

宋时，日本禅师慕名而来，除大名鼎鼎的荣西本人之外，还有圆尔辨圆、南浦绍明等高僧。其时，寺院里僧客团团围坐，边品茶，边谈道论德，边议事叙景，还有关于各种优质茶叶鉴评的"斗茶"游戏。其中圆尔辨圆于1235年到径山寺，到1242年回国时带去了径山茶籽和径山茶的传统制法技艺。南宋末期的1259年，日本南浦绍明禅师抵中国浙江余杭径山寺，学习该寺院的茶宴程式，首次将径山寺的茶宴理规及程序引入日本，成为中国茶礼在日本的最早传播者。日本《类聚名物考》对此有明确记载："茶宴之起，正元年中（1259年），驻前国崇福寺开山南浦绍明，入唐时宋世也，到径山寺谒虚堂，而传其法而皈。"这一史料明确记载了日本茶道源于中国径山茶宴，日本《本朝高僧传》记载："南浦绍明由宋归国，把茶台子、茶道具一式带到崇福寺。"

这些日本高僧的理论后来被室町时代的村田珠光、武野绍鸥等人继承发扬，战国时代的千利休又进一步把茶道平民化，创立了草庵茶道，使这种文化普及到城乡平民百姓中间。日本茶道追求和敬清寂，陶冶性情，成为深受日本各界喜爱的修养和社交的形式。

第二节
大西洋上的茶帆船

我们已知从17世纪到19世纪后期，茶开始进入欧洲。17世纪30年代，茶叶从荷兰传入法国，1650年茶由荷兰人贩运到北美。1644年，英国人在厦门设立商务机构开始贩茶。瑞典、丹麦、法国、西班牙、德国等国的商人也相继从中国贩茶，并转卖到欧洲各国。其中很长一段时间，荷兰在欧洲引领了饮茶的风尚，故我们从荷兰与茶的贸易关系说起。

一 荷兰

荷兰是最早将茶转贩到欧洲的国家。1610年，荷兰人首次将中国茶叶作为商品批量运往欧洲。荷兰人利用来往于中国和东南亚的中国帆船，构成中国—巴达维亚（今印度尼西亚首都雅加达）—荷兰的间接贸易关系。17世纪二三十年代，平均每年到达巴达维亚的中国帆船有5艘。1683年，清政府解除海禁，中国帆船到达东南亚的数量明显增加，1690年至1718年，平均每年有14艘中国帆船到达巴达维亚，主要运载陶瓷、丝绸、茶叶等物品，交换胡椒、香料等土产。荷兰人向中国商人购买了大量的中国茶叶,主要品种有武夷茶、松萝茶和珠茶等。1727年,荷兰东印度公司董事会决定派2艘船直接到中国买茶,中荷贸易由原来的中国—巴达维亚—荷兰的间接贸易形式变成了荷兰—中国的直接贸易形式。

茶叶在欧洲的初始形态是药,荷兰人将其放在药店里高价销售。作为药物的中国茶,一度在荷兰成为"万灵之水",有一位被人们称为庞德戈博士的荷兰医生,建议人们每天喝茶,他说:"我建议我们国家的所有的人都饮茶!每个男人、每个女人每天都喝茶,如果有条件,最好每小时喝一次,可以从每天10杯开始,然后逐渐增加,以胃的承受力为限。"他甚至出版了一本书,如果有人病了,他建议一天喝50到200杯茶。

荷兰人意识到茶叶对国民生活的重要性,他们开始自己试着生产茶叶。1728年,荷兰东印度公司在其殖民地印尼植茶,没有成功,但他们在茶在品饮方面有所创新。据说奶茶品饮法的发明与荷兰人有关。1655年,中国清廷官吏在广州宴请荷兰使节之时,创制了茶与牛奶混饮的饮法,从此风靡世界,尤其是英式奶茶,可谓一马当先。

二 葡萄牙

葡萄牙与茶的关系，有赖于天主教的传播。1556年，葡萄牙传教士克鲁士来华传教，4年后回国，将中国茶和品饮方式传入葡萄牙。他在介绍中国人喝茶时说："凡上等人家习惯于献茶敬茶。此物味略苦，呈红色，可以治病，作为一种药草煎成液汁。"另一位传教士伯特在谈到中国饮茶习俗时也说："主客见面，即敬献一种沸水冲泡之草汁，名之曰茶，颇为名贵。"17世纪初，葡萄牙人即在印尼及日本设有基地，以便和东方贸易。1637年，基地公司的总裁写信给当时驻印尼的总督，信中说道："由于已经有一些人开始使用茶叶，所以我们期待每一艘船上都能载运一些中国的茶罐以及日本的茶叶。"几年之后，中国茶已经成为当时葡萄牙上流社会颇为流行的饮品。17世纪中叶，著名的凯瑟琳公主正是作为葡萄牙公主嫁入英国，成为茶叶文明史上彪炳千秋的"饮茶皇后"的。

三 瑞典

1731年，瑞典成立东印度公司，开辟了亚洲航线，致力于对华贸易。从1731年到1806年的75年中，瑞典东印度公司进行了130个航次的航行，其中127个航次都驶达中国广州，购买的主要商品是茶叶。"哥德堡号"是瑞典东印度公司船队中最大的船,1738年下水,1745年1月11日,"哥德堡号"装载700吨货物(其中茶叶约370吨,瓷器约100吨)返程,1745年9月12日,在抵达哥德堡不到1公里的地方触礁沉没。之后的数百年间,人们从中打捞起大量的茶叶和饮茶用的精美瓷器,承载的货物中有70%是茶叶。上海茶文化专家卢祺义在《乾隆时期的出口古茶》一文中写道:"谁能想象,被海水与泥埋淹近250年的沉船又见天日。更神奇的是,分装在船舱内的370吨茶叶,一直没被氧化,其中一部分还能饮用。笔者亲泡一小杯,轻啜几口,虽茶味淡寡,似有木屑香气,品味却是悠长的。"据记载,沉船中的中国茶叶,数量最多的是安徽休宁地区的松萝茶和福建武夷茶。

四 俄罗斯

茶叶最早传入俄罗斯是在6世纪,由西域人运销至中亚细亚,但并未得以传播。1618年茶通过馈赠方式到了俄罗斯,亦未得俄罗斯宫廷重视;直到1638年,莫斯科使臣瓦西里·斯达尔可夫带回土默特部阿勒坦汗赠予沙皇的礼物——约4普特(约65.5千克)中国茶叶;1689年,中俄签订《尼布楚条约》,自

一片叶子落入水中

/ 1875年摄影作品中的恰克图全景

此,中国茶叶自张家口经蒙古草原输往俄罗斯;1727年,俄罗斯帝国女皇派使臣到北京,申请通商,中俄签订互市条约。继而,俄罗斯在中俄边境一个小村落规划设计并出资兴建了一个贸易圈——这就是大名鼎鼎的恰克图。恰克图是蒙古语,意思是"有草木的地方"。

时隔不久,边境中国一侧由民间盖起了与其规模相当的贸易区，与此同时，一条通过欧亚草原的中俄草原茶路被俄罗斯方面重新勘测开辟，它的基本路线是：恰克图—贝加尔湖边的伊尔库斯克—托博尔斯克—秋明—叶卡捷琳堡—莫斯科。两国以恰克图为中心开展陆路通商贸易，恰克图成为中俄茶叶贸易的主要市场。其输出方式是将茶叶用马驮到天津，然后再用骆驼运到恰克图，因此从莫斯科到北京缩短了一千多公里路程。恰克图迅速变成远近闻名的农业区，产出的小麦被直接卖给中国商人，换取茶叶。一些西伯利亚人依据地理优势成为控制某一地区的实力派人物——"西伯利亚新贵族"。

1847年，俄罗斯外高加索开始试种茶树；1861年，俄人在汉口设立第一家砖茶制造厂。1884年，一位名叫索洛沃佐夫的俄罗斯商人从汉口运去12000株茶苗和成箱的茶籽，在查瓦克—巴统附近开辟茶园。1888年，俄人波波夫来华，访问中国宁波一家茶厂，回国时购买了不少茶籽和茶苗，聘去了以刘峻周为首的茶叶技工10名。1893年，刘峻周等人在高加索历经3年，种植了80公顷茶树，并建立了一座小型茶厂。1896年归国，1897年，刘峻周又带领12名技工携带家眷前往俄罗斯，1900年在阿扎里亚种植茶树150公顷，并建立了茶叶加工厂。

1900年，法国巴黎举办世界工业博览会，俄罗斯波波夫公司刘峻周茶厂生产的茶叶获第一名，波波夫也因此获金质奖章。1901年，刘峻周被请到恰克瓦担任茶厂主管，为皇家庄园工作了10年的刘峻周被沙皇授予"斯坦尼斯拉夫三级勋章"。皇室地产总管理局建议他加入俄籍，但刘峻周婉言谢绝了，并于1924年返回祖国。

直至今天，俄罗斯依然是全球茶叶使用量名列前茅的国家，也是当前世界十大茶叶进口国之一。至20世纪，俄罗斯进口中国茶叶已达7万吨以上，1990年增至23.5万吨，20世纪后期直到21世纪初叶一直在15万吨左右的较高水平上徘徊，人均年消费量现在稳定在1000克左右，主要供应者为印度、斯里兰卡、中国、印度尼西亚、越南、格鲁吉亚。俄罗斯进口的茶叶90%是红茶，绿茶和其他茶类仅占10%。

五　土耳其

几百年前的土耳其是奥斯曼帝国，16世纪时几乎横扫欧洲，国土面积曾跨越欧亚非三洲，控制了东西方贸易路线。5世纪，土耳其曾经成为最早与中国进行茶贸易国家。而帝国时期，土耳其通过丝绸之路引进茶叶，但当时茶叶不过是一种进口贡品。

土耳其产茶历史最早可追溯到1888年，当时人们把中国的茶种种植在土耳其西部的布尔萨省,却一无所获。1917年,格鲁吉亚巴统的研究协会报告指出,茶和柑橘能够在黑海区域种植并存活。此后,人们便在黑海地区发展茶业。土耳其"国父"凯末尔从发展国家农业经济的角度出发,开始大力关注并扶持里泽地区的红茶产业。1937年,人们从苏联带回20吨格鲁吉亚茶籽。从此,茶叶有了经济效益,茶园遍地开花。现今,黑海东部开辟了830万公亩(1公亩=100平方米)红茶园,产值可达28万吨。土耳其因此成为世界第五大产茶国,其国内50%的茶叶产量来自国有企业,另外50%的产量则来源于私营企业。

土耳其红茶产区主要为里泽省和特拉布宗省,说起土耳其的茶叶,就要提到里泽省和特拉布宗省,它们是土耳其的两大茶叶产区,位于土耳其东北部。当地的茶园分布在海岸线旁的群山上,大部分为肥沃的坡地。夏季的平均温度略高于20℃,冬季则略低于10℃。年降雨量高达2500毫米,尤其是在10~12月,雨量更为充沛。里泽省和特拉布宗省的茶叶主要供应国内使用。每年的5~10月是当地的茶叶产季,年产量约为15万吨。此外,这两地所产的茶叶外观呈黑褐色,汤色为暗红,香气平顺且带有甜香。在土耳其,红茶主要用来制作甜红茶,这种茶饮是将冲泡出的红茶调整至适当浓度,然后加入砂糖调制而成。甜

/ 摄影师 İzlem Arsiya 镜头下伊斯坦布尔街头卖茶的老人

红茶不加牛奶，在这一点上是不同于奶茶的。

茶虽然很晚才走进土耳其普通人的生活，但这并不影响其迅速成为土耳其的传统文化饮品。作为日常生活和热情好客的象征，茶文化搭建了跨民族友谊的桥梁，创造了许多文化财富。

土耳其人对茶的感情可以用嗜茶如命来形容。据统计，土耳其人均每年茶叶消耗量高达 3.16 千克，每人年均喝茶 1250 杯！土耳其人起床后的第一件事是喝茶，接着才开始洗漱。茶馆和茶摊在土耳其是无处不在的，对当地人来说，喝茶不讲究仪式感，更不在乎地点，只要想喝茶就能喝到，为此还产生了送茶人这一职业。假如你去土耳其旅行，会在城市小镇的大街小巷里看到送茶人提着茶盘穿梭其间，还不停地吆喝："刚煮的茶！""祝你胃口好！"不仅是城市街道，就连在车站码头都能随处见到背着巨大茶壶，端着一次性茶杯的茶水小贩，只需招呼一声，他们就能麻利地为你倒上一杯热腾腾的红茶。

对于土耳其人来说，喝茶宛如喝水。公司、机关单位、工厂都会有专人负责煮茶、卖茶和送茶；学校则是专门设置了叫茶电铃，老师可以在上完课后及时来一杯热茶润润嗓子；学生也可以在课间，聚集在茶室里喝茶。96%的土耳其人有每天喝茶的习惯，其中家庭茶饮占65%，工作茶饮占13%，旅游茶饮占11%，餐厅茶饮占5%，咖啡厅茶饮占4%，学校茶饮占2%。

土耳其红茶制作的工序复杂，萎凋、揉捻、发酵、干燥和筛分等工序一样不能少，最后才能分级进行成品包装。土耳其红茶是煮出来的，煮茶的壶分为上下两层，大壶顶着小壶。下层大壶里煮清水，上层小壶里煮茶叶，小火的炉子会一直开着，黑色的茶叶在这种煮法下越煮越浓，茶也不会变凉。倒茶的时候，先往上层壶中倒入一点浓茶，再用下层的清水加满，茶的浓淡取决于杯中加入浓茶的多少，分为"acik"（淡）和"demin"（浓），一般喝茶时人们会在要茶的时候这样补一句。喝土耳其茶的杯子圆墩墩的,入手很舒适,而且曲线很美。

在土耳其语里茶的发音"ay"和汉语里的"茶"的发音一样,隐约中会感觉到千年前中国茶叶经由丝绸之路传入这里时所带来的影响力。

土耳其的红茶味道本身是有点苦涩的,最地道的土耳其喝法,是配合各式干果、开心果、核桃、花生以及与蜂蜜混搭的甜点。人们可以倒上一杯红茶,细细品味土耳其甜点的口感。红茶店外送红茶的托盘是非常受游客欢迎的纪念品,配上一整套的杯、盘、汤匙,更是土耳其味十足,放在家中既赏心悦目,又有实用价值。它们各种花色齐全,讲究的连托盘、杯匙都镀金刻花,价格也因此相差很大。

第三节
诞生了下午茶的饮茶大国

之所以将英国从欧洲单独列出,是因为英国作为全世界头号饮茶大国,深刻影响了世界文明的进程,而英国人喝茶,又和1600年成立的英国东印度公司分不开。17世纪,中国茶作为影响文明力量的"奢侈品"开始全面登上世界舞台。而在诸多的欧洲国家中,英国对茶叶情有独钟。17世纪上半叶,英国人所饮茶叶均经荷兰人之手转运,1637年,英国东印度公司驾驶帆船4艘,首次抵达广州珠江,运载中国茶112磅回国,此为英国直接从广州采购、贩运茶叶之始。直至1644年,英国东印度公司在中国福建厦门设立贸易办事处,从此与中国建立外贸关系。而5年之后的1662年,则是英国饮茶史上具有划时代意义的一年:英王查理二世与葡萄牙公主凯瑟琳公主结婚,这位"饮茶皇后"把饮茶习俗成功带到了英国。

众所周知,葡萄牙是较早向全球殖民的国家,凯瑟琳作为葡萄牙公主,早就养成了饮中国红茶的嗜好。结婚时,凯瑟琳的嫁妆中有221磅红茶以及各种精美的中国茶具,而在那个时代,红茶实在比银子贵重得多。这位没能得到国王垂青的皇后,总是在自己的后宫饮一种琥珀色的饮品,以此解闷。她甚至在一些宫廷宴会上,在人们向她敬酒的时候,也总是举起自己那专用的杯子,款款喝上一口茶。很快,饮茶之风首先在英国皇室传播开来。为满足皇后的嗜好,宫廷中开设了气派豪华的茶室,皇后常常邀请一些公爵夫人到宫中饮茶,成为上层社会的一个社交项目。由于皇后的推崇,贵族妇女群起效仿,在家中特辟茶室,中国茶叶成为贵族们高雅、阔绰、时髦的象征,因此,凯瑟琳也就被称为英国历史上第一位"饮茶皇后"。

这位将茶叶作为嫁妆带进英国的凯瑟琳,让中国茶从英国开始,与世界其他国家建立了一种奇妙的连接。那么,在凯瑟琳作为皇后的那个时代,她是如何得到中国茶的呢?

1664年,英国东印度公司献中国茶叶约2磅给英皇查理二世,此举颇得英皇及皇后欢心。1669年,英国正式规定英国东印度公司专营茶叶,在福建收购武夷山茶,称之为武夷茶。1690年,英国东印度公司进口的茶叶只占进口额的1.4%,1718年,茶叶取代丝绸成为英国从中国进口的支柱商品。1721年,英国进口的茶叶首次超过100万磅。为使英国东印度公司独占茶叶市场,英国下令禁止其他国家茶叶输入本土。而到1732年,英国第一座茶园才在沃克斯豪尔开园。1760年,茶叶进口额增长到39.5%,仅次于棉丝产品(42.9%)。1771年,英国爱丁堡发行的《不列颠百科全书》第一版"茶"的词条下有这样的记载:"经营茶的商人根据茶的颜色、香味、叶子大小把茶分成若干种类。一般分为普通绿茶、优质绿茶和武夷茶三种。"1834年,中国茶叶已经成为英国的主要输入品。

茶到达欧洲,改变了英国所有人的生活。夏日里,经常可以看见某个胡同里乞丐在喝茶，修路工人在喝茶，赶灰渣车的工人在喝茶，晒干草的工人在喝茶。众多工人集中在厂房里工作，咖啡、啤酒显然无法解渴，单纯的白开水又不能起到药物的作用，唯有茶水最适合大规模的工人品饮。因此，茶是工业革命给世界带来的新时代的饮料。

16世纪末至17世纪初，英国和法国从西班牙人手中夺取了加勒比海诸岛，而后，英国凭借强大的海军力量，建立起庞大的商船队，在海外夺取了法国在印度、加拿大和密西西比河以东的大片领土。以1763年英国与法国和西班牙签订《巴黎条约》为标志，英国取代西班牙，成为世界头号殖民强国。而1776年北美十三州独立后，英国遂将殖民经略重点由北美洲转至资源更为丰富、市场更为庞大的印度。此外，英国还踏入了澳大利亚、新西兰、缅甸等地。

在整个18世纪，英国人的血液已经深深地与茶相溶，他们的殖民地扩展到哪里，饮茶习俗也就随之到了哪里，对茶的贸易也就跟到哪里。

英国的东印度公司在相当长的时间里垄断着中国茶叶的生意。公司每年交易运输各种来自全世界的货物，而茶叶占到了80%～90%的份额，有时甚至达到100%。但是，将一船中国茶叶运到英国并不容易。英国东印度公司使用一种极为结实、粗短和笨重，被形容为"中世纪古堡与库房的杂交物"的船来运送中国茶叶。通常，这种船在1月份离开英国，绕过非洲好望角，然后乘着东南季风航行，9月份才能到达中国。那时候，茶叶已经收获，如果运气好，他们可以在12月份满载着茶叶启程回国。回国时，这些船往往沿着迂回曲折的路线航行，一切取决于风向。顺利的情况下他们就能在次年9月份回到英国，一般都要在12月或更晚到达。这样，每次往返运输一次中国茶叶，就需要花上整整两年的时间。万一在中国延误，未能赶上当年的东北季风，他们就只能等待第二年的季风，那就要再耗上一年时间！

英国人对新茶有着异乎寻常的迷恋，这么慢的运输速度，怎会甘心？于是他们开始推广运茶的快速帆船比赛。1849年，美国人制造的快速帆船"东方号"，从中国香港地区出发，只用了97天就到达伦敦，比英国东印度公司那种笨拙的船只快了整整3倍。伦敦轰动了。这种帆船比赛越演越烈，发展成大家为快慢下注赌，最高峰时，有40艘快帆参加比赛，赌资甚巨。苏伊士运河开通后，这种激荡人心的快帆比赛终告结束。如今成了重要运动项目的帆船比赛，原来是与运茶有关呢！

18世纪初，英国人几乎不喝茶，18世纪末，人人喝茶。

1699年，茶叶进口量是6吨，一个世纪后，进口量升至11000吨，价钱则降到百年前的1/20。英国作家悉尼·史密斯甚至写诗这样赞美茶："感谢上帝，没有茶，世界将黯淡无光，毫无生气。"至1834年，中国茶叶已经成为英国的主要输入品，而至1840年第一次鸦片战争爆发之时，英国下午茶的习俗完全形成。

中英两国茶叶贸易的巨大逆差，使东西方两大帝国开始较量，此时的茶，在英国，已经成为其国民经济中的一项重要收入。19世纪英国大臣罗斯托曾这样说："国家不可缺乏的粮食、盐或茶，如果由一国独揽供应权，就会成为维持其政治势力的有力砝码。"从两种植物的较量开始，当茶向英伦三岛而去，罂粟向中国疯狂扑来之时，1840年，第一次鸦片战争爆发，彻底改变了中国的历史和世界格局。

第四节
倾倒的茶与燃烧的导火索

1650年，荷兰人最早将茶叶贩运至北美市场，这种来自东方的饮料很快也得到了美洲人的喜欢。由于来到新大陆的大多是欧洲的英国人，他们已经对茶产生深深依赖，和当时的英伦三岛人一样喜欢喝茶，茶叶基本上都是英国从中国进口，再转销美洲的。英国对茶叶贸易政策实行双重标准，一方面试图改变中国茶叶贸易一国独揽的局面，另一方面对美洲大陆又努力把握茶叶贸易的经济控制权。

1773年，英国国会通过《茶叶税法》，同意英国东印度公司直接从中国向北美殖民地出口茶叶，而且只须征收3便士（英国货币辅币单位，类似于人民币的分。）茶税。英国东印度公司因此垄断了北美殖民地的茶叶运销，并切断了当时已经极为普遍的从荷兰自由交易的茶叶，引起北美殖民地人民的极大愤怒。在波士顿，一批青年以萨姆尔·亚当斯等为首，组成了波士顿茶党。1773年

第五章　青枝绿叶走天涯

/ 美国版画作品中描绘的波士顿倾茶事件

一片叶子落入水中

12月16日，波士顿8000多人集会抗议，要求停泊在那里的英国东印度公司茶船离开港口，但这一要求被拒。当晚，约60名抗议者化装成印第安人闯入船舱，将英国东印度公司三艘船上的342箱茶叶全部倒入大海。英国政府与北美殖民地之间的矛盾尖锐，公开冲突日益扩大，波士顿倾茶事件最终成为美国独立战争的导火索。

美国独立之后，开始了与中国直接的茶叶贸易。1784年2月，美国参议员罗伯特等人装备的"中国皇后号"装载了大约40吨人参和其他货物从纽约出发，于8月28日到达广州。在购进了约88万磅的茶叶和其他中国商品后，"中国皇后号"于1785年5月回到纽约。"中国皇后号"对华贸易的成功在美国引起了轰动，紧接着又有"智慧女神号"载回价值5万美元的茶叶，获利颇丰。输往美国的中国茶叶数量也迅速增长，中国茶叶在美国进口货物中的比重也在不断上升，中美茶叶贸易的迅速发展给美国带来了极大的利益。因此中美茶叶贸易得到了美国政府的鼓励，美国政府制定了有利于茶叶输美的税收政策。1789年，美国开征茶税；1832年，美国巴尔的摩商人麦克金首建巨型快艇，专门载运中国茶叶；1858年，美政府遣专人来中国采集茶籽，种于南部各州；1883年，美议会通过首部茶业法。

早期输入美国的中国茶叶多为最低级的武夷红茶,后来是较高级的小种红茶。19世纪后,品类高的绿茶,如熙春、雨前、副熙等开始增加,1850年红绿茶进口量几乎相等。直至今日,美国依旧是全球重要的茶输入国。

当今世界的茶文化有以下几个特点:一是物质基础的辽阔深远,茶叶种植面积跨度大;二是具有品饮茶习俗的国家与人数众多;三是茶文化已不再仅仅是东方文化,而是作为东西方共有的全人类的文化传统影响全球;四是各国各民族自身的茶文化精神特质越来越鲜明,逐渐承担起展示本国民族文化精神的使命。

第五节
亚洲的茶传播

亚洲国家中,韩国与日本早在10世纪前就已经从中国引进茶种种植,唐代于714年设市舶司管理对外贸易。之后,中国茶叶通过海陆丝绸之路输往西亚和中东地区。

一 韩国

在日本茶道创建和发展的同时,朝鲜的茶文化亦在与时俱进。9世纪,使者大廉从中国带茶籽入朝,种在智异山华岩寺的周围。韩国茶礼滥觞于此。

人们一般认为,朝鲜茶文化史上最具代表性的有四大茶人。

一是新罗时期的忠谈大师,他结合宗教、武士和品茗艺术,开启了朝鲜宗教茶。二是高丽时期的李奎报,位极人臣,但不减风雅文士之俊逸,奠定朝鲜文士茶。三是朝鲜时期的丁若镛,他精研品茗艺术,结合同好成立饮茶集团,俨然是茶团盟主。四是同时期的草衣禅师建立大兴寺一枝庵茶室辑撰《茶神传》,吟写茶诗茶文,是朝鲜茶文化集大成者,有朝鲜茶圣之称。朝鲜的茶人这样说:朝鲜的茶文化在草衣,草衣的茶文化在一枝庵。

二 印度

印度于1780年首次引种中国茶籽,但没有成功。与此同时,英国东印度公司在与中国进行茶叶贸易的同时,产生一个思路,将中国茶移植到当时英国的殖民地——印度,以改变那种要喝茶找中国的依赖情状。1792年9月8日,公司对出使中国的马戛尔尼的训令中说:由中国经常输入的或公司最为熟知的物品是茶叶、棉织品、丝织品,其中,以第一项最为重要,茶的数量和价值都非常之大,倘能在印度公司领土内栽植这种茶叶,那是最好不过的了……而马戛尔尼在离开北京南下返国的途中,经浙江、江西及广东。正是在这次的远征中,他们在浙江与江西的交界处,得到了茶树的标本。马戛尔尼在广州向英国东印度公司报告说:我也和公司的想法一致,即如果能在我们的领土之内的某些地方种植这种植物而不是求助于中国,而且还能种得枝叶茂盛,这才能符合我们的愿望。

1794年2月,马戛尔尼又给当时的孟加拉总督素尔去信说:"……有精通农业者认为兰普尔地区的土壤适宜于种茶。"中国浙赣交界处藏之于深山的瑞草就这样来到了南亚次大陆恒河流域的加尔各答,落户生根。而后,加尔各答植物园又向印度所有的苗圃送去了使团挖来的中国茶苗的后代。

1834年,印度茶叶委员会派秘书戈登来中国,他挑选茶工,收集茶籽,并考察中国茶叶产制方法。1835至1836年,印度科学会通过移植中国茶树,将生长于加尔各答的4.2万株中国茶树分植于上阿萨姆、古门、苏末尔及南印度。1838年,印度阿萨姆首次外销8箱茶叶至伦敦。1840年,印度吉大港(现属孟加拉国)开始植茶。与此同时,一个被后世称作为"茶叶大盗"的英国人福琼在鸦片战争之后两次来到中国,将中国江南地区茶树种运到印度加尔各答植物园,培育后再运往印度大吉岭。1856年,印度坎格拉与大吉岭开始植茶,终于成为今天全球红茶的重要产区之一。

三 锡兰(斯里兰卡)

英属殖民地锡兰,今天的斯里兰卡。从17世纪开始,斯里兰卡从中国传入茶籽试种,1780年进行试种,1802年试种茶树失败。1854年锡兰茶农协会成立,1824年以后又多次引入中国、印度茶种,扩种并聘请技术人员。1873年,锡兰首次输出茶叶至英国,共计23磅。1875年,锡兰咖啡农场毁于病虫害,种茶业开始大发展。锡兰所产红茶质量优异,后成为茶叶出口创汇的大国。

四 印度尼西亚

印度尼西亚于1684年开始试种中国茶种,之后又引入中国、日本茶种及阿萨姆种茶种。历经坎坷,直至19世纪后叶开始有明显成效。1827年,爪哇政府派雅各逊来中国学习茶树栽培与制茶技术。1830年,印尼开始有茶厂,但规模极小。1833

年，雅各逊第6次由中国返回爪哇，携回茶籽700万粒，茶农15人及制茶工具多种。第二次世界大战后，印尼加速了茶的恢复与发展，并在国际市场占据一席之地。

第六节
非洲的茶与饮茶习俗

茶叶在气候炎热的非洲颇受欢迎，亦有一些非洲国家开始种植茶树，并成为当今世界重要的茶叶产区。非洲产茶国的实力也不可小觑。如2003年肯尼亚的茶叶生产量位居全球第四，出口量名列第二，而马拉维、乌干达、津巴布韦等国的红茶产业也蒸蒸日上。这些国家于19世纪末开始兴起茶叶生产，其首要原因还是非洲部分地区以前是英国殖民地，几乎都有喝红茶的习惯。而非洲的肯尼亚更是世界上最大的红茶出口国之一，肯尼亚茶主要出口巴基斯坦和英国。另外卢旺达、布隆迪和乌干达也产茶叶。卢旺达号称千丘之国，丘陵地带适合茶叶的生长，茶叶质优价廉，品种也多。

一　非洲阿拉伯国家的主要饮茶国

位于非洲的阿拉伯国家，包括阿尔及利亚、摩洛哥、突尼斯、利比亚、苏丹、埃及、毛里塔尼亚、吉布提、索马里、科摩罗等国，虽然基本不种植茶叶，但普遍都有着饮茶的传统，每年茶叶消耗量相当惊人。特别是位于撒哈拉大沙漠境内或周围的国家，常年酷暑，当地人出汗多、体能消耗大，又常年以肉食为主，缺乏蔬菜。茶可以去腻消食、解渴消暑，补充水分和维生素类物质，实在不可或缺。茶对非洲大沙漠上的人而言不如说就是粮食。他们习惯饮薄荷糖茶以获得双重清凉的感受，泡茶时，茶叶的投放量至少是中国的两倍，并且加入方糖和薄荷叶佐味。在西非人民看来，茶清香甘醇，糖甘美营养，薄荷解暑清凉，三者相融，缺一不可。其独特风味和功效，正是非洲人民在特殊生活条件下所迫切需要的。另外，非洲很多人信奉伊斯兰教，教规禁止饮酒，所以当地人往往"以茶代酒"，用茶来款待贵客亲友。我们不妨选择两个不同国家解析。

摩洛哥：茶由中国通过丝绸之路传入阿拉伯世界，来到北非的摩洛哥之后，发展很快。摩洛哥饮茶之风甚于许多产茶国家，当地人喜食牛羊肉，爱好甜食，缺少蔬菜。而饮茶不仅能提神醒脑，帮助消化，还能消解油腻，这就使得茶叶成为他们生活中的必需品。特别是在炎热的非洲夏季，饮茶者众多，沙漠地带的居民更是不可缺少茶叶。

摩洛哥人饮茶约有300年的历史。17世纪英国饮茶盛行之时，摩洛哥人还不懂得饮茶。据说17世纪后期，曾有一艘满载中国绿茶的轮船，经摩洛哥运往英国时船遭故障，船主被迫弃船离去。本地人冒险把部分茶叶抢运上岸，经摸索发现，用热水冲泡后的绿茶十分鲜爽可口，之后还发现饮茶可帮助消化，滋润肠胃，于是饮茶传开。本地商人开始从中国购买茶叶，且主要购买绿茶。

摩洛哥人饮茶很讲究，在大街小巷，可以随时看见手托锡盘、脚步匆匆的小童从你身旁走过。盘中放着一只锡壶，两只玻璃杯，以便你随时可饮到摩洛哥风味的茶。茶棚则是街道上最热闹的场所。炉火熊熊，大壶里沸水突突作响，茶博士取出大把茶叶，用榔头砸碎一块半个拳头大的白糖，再揪一把鲜薄荷叶，一起放进小锡壶里，兑上滚水，再放在小火上煮。两遍水滚之后，小锡壶便递到小桌旁"待茶"的人面前。这就是著名的摩洛哥薄荷茶。摩洛哥的茶具，更是著名的珍贵艺术品。摩洛哥国王和政府赠送来访国宾的礼品，一为茶具，二为地毯，都属驰名世界的艺术品。

摩洛哥是阿拉伯国家较早饮茶的国家,并把饮茶习惯传入毛里塔尼亚、塞内加尔等国。有意思的是,摩洛哥盛行饮茶之道,却从不产茶,全国所消费的茶叶全部依靠进口,主要进口的是绿茶,进口量居世界第一位,每年有2万吨左右。中国是摩洛哥所需绿茶的主要提供者,有95%的绿茶从中国进口,中国茶叶几乎占领了摩洛哥全部的绿茶市场。

埃及:生活在尼罗河畔、金字塔下的埃及人,饮茶的习俗由来已久,喝的却是红茶。自数百年前茶叶沿丝绸之路走入阿拉伯世界之后,饮茶之风就渐渐深入埃及寻常百姓家,成为埃及人日常生活中不可缺少的组成部分。埃及也是重要的茶叶进出口国,埃及人喜欢喝浓厚醇洌的红茶,不喜欢在茶汤中加牛奶,喜欢加蔗糖。埃及糖茶的制作比较简单,将茶叶放入茶杯用沸水冲沏后,杯子里再加上许多白糖,其比例是一杯茶要加2/3容积的白糖,让它充分溶化后再饮用。茶水入嘴后,有黏黏糊糊的感觉,可知其糖的浓度。埃及人泡茶的器具也很讲究,一般不用陶瓷器,而用玻璃器皿,红浓的茶水盛在透明的玻璃杯中,像玛瑙一样,非常好看。埃及人从早到晚都喝茶,无论朋友谈心,还是社交集会,都要沏茶。糖茶是埃及人招待客人的最佳饮料,但在喝这种糖茶的同时会配一杯冷开水,可能是为了方便客人冲淡过浓的甜味吧。

但普通的埃及人家庭,还有一种独特的饮茶习惯,颇似俄罗斯人的茶炊,是他们喝茶时必不可少的"沙玛瓦特"。它的构造是这样的:在茶炊的内下部安装小炭炉,炉上为一中空的筒状容器,加水后可以加盖密闭,炭火在加热容器内水的同时,热空气顺容器中央自然形成的烟道上升,可同时烤热安置在顶端中央的茶壶。茶炊的外下方安装小水龙头,里面的水沸腾了就可以从这里取用,通常埃及人家庭在用完正餐后,就会点火开始围着沙玛瓦特喝茶。

二 肯尼亚共和国

肯尼亚共和国,赤道横贯国家中部,东非大裂谷纵贯其南北,拥有极为壮丽的风景,能坐观世界上罕见的动物大迁徙,同时每年出口全球的茶叶也最多。19世纪,英德两国在非洲争夺殖民地时,肯尼亚被划分给英国,1895年,肯尼亚内陆被英国占领,1902年成为英国名义下的保护国。

这个非洲产茶国之所以要专门拎出来讲,和英国专门要从

一片叶子落入水中

/ 一台沙玛瓦特,贝尔格莱德科技博物馆藏

欧洲国家中拎出来讲一样,肯尼亚在全球茶业界具有举足轻重的地位。1903年,英国人凯纳在凯里乔、南迪山和索乞谷等丘陵地带培植阿萨姆红茶树种。1912年,肯尼亚开始在西部大面积种植茶树。20世纪20年代中期,英国人在广阔的中央高地开辟了红茶茶园,茶叶开始作为商品生产发展起来。1925年,布鲁克·邦德和詹姆斯·芬利两家殖民地公司联手进行大规模种植,153公顷的茶园年产量约260吨,其中有73吨出口英国。1933年,茶园面积扩张到4800公顷,年产量达1467吨,位居非洲第一。1963年,肯尼亚脱离英国宣布独立,1964年成为英联邦成员国。直到现在,红茶仍是其主要产业之一。

今天的茶叶,在东非有"绿色黄金"之誉。遍布肯尼亚各地的茶园,风光优美,茶香醉人,让人流连忘返。从肯尼亚首都内罗毕出发,一路向北,不到40分钟,便能看到一座座翠色的茶山。今天的肯尼亚不仅是世界第四大产茶国,还是世界上最大的红茶出口国,主要的茶叶产区集中在东非大裂谷西侧海拔1500～2700米的高原之上。南迪山和号称"茶都"的科瑞秋地区是肯尼亚最著名的茶叶产地。这里既有温暖湿润的气候,又不像非洲大陆的大部分地区炎热干燥,加之肥沃的火山红壤,以及维多利亚湖带来的温暖、潮湿的水汽在高空凝结成雨水,滋润着高山区，使之适于茶叶的种植。肯尼亚茶树全年都能抽芽，但最好的是1月后期和2月、7月初期采摘的茶叶，其茶叶始终保持很高的质量。这些得天独厚的自然条件赋予了肯尼亚茶无与伦比的甘醇口感。肯尼亚茶叶的传统销路是通过蒙巴萨的拍卖行和伦敦的拍卖行拍卖，或者直接向国内外销售，其主要的消费国有英国、爱尔兰、德国、加拿大、荷兰、巴基斯坦、日本、埃及和苏丹。

茶叶为肯尼亚第二大创汇来源，肯尼亚拥有一个活跃的茶叶研究开发体系，70%的财政开支来自茶农交给肯尼亚茶叶委员会的茶税，其余的来自肯尼亚茶叶研究基金会。这些政策措施促进了肯尼亚茶产业的迅速发展，也保证了茶叶的质量。

肯尼亚人民喝茶深受英国人影响，主要饮红碎茶。1964年肯尼亚成立了茶叶发展局（KTDA），目的是促进肯尼亚小农场主在本国适宜地区发展茶叶种植。其管理下的茶园有62间茶厂，有50多万个小规模农户种植总计超过10万公顷的茶园，占肯尼亚茶园总面积的近60%。肯尼亚茶叶的加工和经营具有政府垄断性。另外，目前全球最大的茶叶拍卖市场就在肯尼亚。

第五章　青枝绿叶走天涯

/ 摄影师 Ed Roberts 镜头下肯尼亚科瑞秋地区的采茶人

三 非洲其他产茶国

非洲其他地区,如乌干达、津巴布韦、莫桑比克、毛里求斯岛等都在积极发展茶业。非洲红茶以CTC茶为主,出口量一直保持增长趋势。CTC即crush或cut(切碎)、tear(撕裂)、curl(揉卷)这三个单词的缩写,是红碎茶的一种加工方式,产量高,易提取,最适合作为袋泡茶的原料。随着袋泡茶和冰红茶原料需求的增加,非洲作为生产该原料的主力军,其发展趋势令人期待。

乌干达在非洲东部,乌干达横跨赤道,丘陵连绵、山地平缓,气候温和、雨量充沛,湖泊众多,还有茂密的原始森林,素有"高原水乡"之称。维多利亚湖是世界第二、非洲最大的淡水湖,是白尼罗河的源头。19世纪中叶以后,乌干达成为英国的殖民地。20世纪初,乌干达从印度和斯里兰卡进口茶籽,在恩特贝植物园进行培育,1933年,茶园面积仅为128公顷。1962年乌干达宣告独立,却因为几次武装政变导致国家动荡不安。但即便在国家动乱的情况下,红茶产业仍在持续发展。1970年茶园面积已扩张到17500公顷,生产量超过18200吨。2018年出口总计7100万袋,价值约8880万美元。

得天独厚的地理条件促使乌干达政府着力发展世界优质茶之一的乌干达茶。茶叶成为乌干达出口创汇的主要来源之一，乌干达也因此成为继肯尼亚之后的东非第二大茶叶生产国。

乌干达茶受英国和本地传统影响，一般有两种饮用方式。一种是英式红茶，是在红茶里加上大量的牛奶；而本地传统茶却有些复杂，由红茶加上姜、桂皮等香料煮开后，再加上红糖或者白糖制成。乌干达地处赤道，阳光充足，雨水充沛，喝这种茶能祛除湿气，有利健康。乌干达茶叶主要销往欧洲、中东和南亚地区。2017年，乌干达产茶产量达4.5万吨。

马里共和国位于非洲西部撒哈拉沙漠南沿，西邻毛里塔尼亚、塞内加尔，北、东与阿尔及利亚和尼日尔为邻，南接几内亚、科特迪瓦和布基纳法索，为内陆国。

马里曾经是法属殖民地，也是非洲较早独立的国家之一，这里气候炎热，高温天气让马里人养成了喝茶的习惯。马里人习惯煮茶，在茶壶里放上半壶茶叶，放在火上煮，煮好喝上3小杯就把剩余的茶倒掉不用了。茶和蔗糖是马里的两大消费品，全部靠进口。中国作为茶叶出口大国，每年要向马里出口数千吨茶叶。马里政府为了减少外汇支出，决定自己种茶和甘蔗，而中国则派去了最有经验的种茶专家。马里的茶树试种是从1962年开始的,仅花了1年时间就试种成功。通过了三四个严重高温干旱季节的锻炼和考验,巴兰科尼和番戈洛两大片试种茶园的茶树已经成园,郁郁葱葱,生机盎然。马里的茶树试种取得了完全的成功,在马里开采了第一批茶叶。几十年来,中国曾多次派茶叶技术专家前去指导。不少非洲国家,也转而纷纷从马里这个小国进口茶叶。

坦桑尼亚大半国土面积位于海拔1000米以上的高原,1881年被德国占领。第一次世界大战后,于1920年成为英国委任统治地。20世纪初,德国人开始在当地种植茶树,随后在英国统治下,茶园得到进一步发展。1926年,乌桑巴拉斯建立了第一座茶园河姆班古卢。1929年,土地开发勘察委员会建议在这些地区种植茶树来代替咖啡,并在1930—1934年向移民免费分发茶种。1932年,穆芬迪建立了一个小型的茶叶加工厂。1932年,印度茶叶专家H. Mann博士认为在乌桑巴拉斯和南部高地有2万公顷土地适宜种茶。为了稳定价格,正式将种植面积限制在1174公顷,一直到1938年。这时坦桑尼亚茶叶产量首次突破100吨,种植面积也增加了475公顷。

如今的坦桑尼亚是由坦噶尼喀和桑给巴尔组成的联合共和国。两国分别在 1961 年和 1963 年脱离英国殖民地，宣告独立，于 1964 年合并，同年与中国建交，引入中国种茶人才，进一步推进绿茶的开发。1975 年茶叶产量达到 13500 吨。2017 年，坦桑尼亚茶叶产量达到 28000 吨。

马拉维位于非洲东南部，沿着马拉维湖南北延伸的国家，1860 年遭到英国的入侵，1881 年成为英国名义下的保护国。1885 年，来自苏格兰的艾利莫里克博士，将英家皇室植物园中的茶树苗带到马拉维培植。进入 20 世纪后，从阿萨姆移植的茶树苗才真正开辟了当地种植园的时代。1964 年，马拉维脱离英国宣告独立，成为英联邦成员国，红茶产业继续得到发展。1970 年，红茶的种植面积达到 15200 公顷，生产量猛增至 18700 吨 / 年，如今更是超过 4000 吨 / 年。由于国内消费量不大，红茶主要用于出口。

第六章

事茶的精道与品饮的浪漫

如何沏茶，如何饮茶，这是品茶人最为关心的问题。它包含了有关茶的技艺，是关于茶的审美与实践，与文学、绘画、书法、音乐、陶艺、瓷艺、服装、插花、建筑等相结合，构成茶文化的重要组成部分。

中国茶艺的内容古已有之，《封氏闻见记》记载："楚人陆鸿渐为茶论，说茶之功效，并煎茶、炙茶之法。造茶具二十四事，以都统笼贮之。远近倾慕，好事者家藏一副。有常伯熊者，又因鸿渐之论广润色之。于是茶道大行，王公朝士无不饮者。"这里所谓的"茶道"，应该被理解为关于品茶的技艺。

陆羽是中国茶艺的奠基人。《茶经》"四之器""五之煮""六之饮"中，对唐代流行的煎茶茶艺有详细的描述。宋代蔡襄《茶录》、赵佶《大观茶论》，明代朱权《茶谱》、张源《茶录》、许次纾《茶疏》等，亦对唐以后茶的品饮技艺内容多有翔实讨论记载，虽无"茶艺"一词，其意尽在其中。

第一节
烹（煮、煎）、点、泡的茶技艺

人们一般以为，西汉是真正饮茶的开始。此后茶的烹饮方法不断发展变化，大体说来有煮茶、煎茶、点茶、泡茶四种。

烹茶技艺包括茶、水、火等部分。我们先从茶汤的制作——煮茶法说起。所谓煮茶法，是指茶入水烹煮后饮。唐以前，人们往往直接采生叶煮饮，西汉王褒《僮约》说"烹茶尽具"；西晋郭义恭《广志》说"茶丛生，真煮饮为真茗茶"；东晋郭璞的《尔雅注》说"树小如栀子，冬生，叶可煮作羹饮"；晚唐杨华的《膳夫经手录》说"茶，古不闻食之。近晋、宋以降，吴人采其叶煮，是为茗粥"；同为晚唐的诗人皮日休则在他的《茶中杂咏》序中云："然季疵以前，称茗饮者必浑以烹之，与夫瀹蔬而啜者无异也。"这是说，陆羽之前，从汉一直到初唐，人们主要是直接采茶树生叶烹煮成羹汤而饮，或者将茶叶与米饭揉成团，烤至黄焦后再加之以佐料一并煮饮，称之为"茗粥"。

唐代以后茶叶品种渐多，但煮茶旧习依然因袭，特别是在少数民族地区较流行。陆羽《茶经·五之煮》中记载："或用葱、姜、枣、桔皮、茱萸、薄荷之等，煮之百沸，或扬令滑，或煮去沫,斯沟渠间弃水耳,而习俗不已。"晚唐樊绰《蛮书》记:"茶,出银生成界诸山,散收,无采早法。蒙舍蛮以椒、姜、桂和烹而饮之"。宋代,苏辙《和子瞻煎茶》诗有"北方俚人茗饮无不有,盐酪椒姜夸满口"之句。宋代,北方少数民族地区以盐酪椒姜与茶同煮,南方也偶有煮茶。是往汤里加盐、葱、姜、桂等佐料的方式,被称为芼饮,直到今天依然存在,是中华民族茶饮习俗中重要的内容。

再来说说煎茶法。宋代诗人梅尧臣诗曰:"自从陆羽生人间,人间相学事春茶。"这个"事春茶"正是"煎茶法",是指陆羽在《茶经》里记载的一种烹煎方法。用紧压饼茶为茶品,经炙烤、碾罗成末,候汤初沸投末,并加以环搅、沸腾则止。煎茶法的主要程序有备器、选水、取火、候汤、炙茶、碾茶、罗茶、煎茶(投茶、搅拌)、酌茶。需求刺激了供应,唐玄宗时,长安城东运来了各地的土特产,其中豫章郡船装运的名瓷多为茶釜、茶铛、茶碗,这种类型的茶具大量运到长安,显然是为满足供应社会上煎茶法制茶的需要。

煎茶法在中晚唐很流行,唐诗中多有描述。刘禹锡《西山兰若试茶歌》诗吟"骤雨松声入鼎来,白云满碗花徘徊";僧皎然有"文火香偏胜,寒泉味转嘉;投铛涌作沫,著碗聚生花"的雅句；白居易有"白瓷瓯甚洁，红炉炭方炽，沫下麹尘香，花浮鱼眼沸"的煎茶描绘；卢仝《走笔谢孟谏议寄新茶》诗有"碧云引风吹不断，白花浮光凝碗面"的赞叹；唐末五代徐寅《谢尚书惠蜡面茶》诗说"金槽和碾沉香末，冰碗轻涵翠缕烟，分赠恩深知最异，晚铛宜煮北山泉"；而北宋苏轼《汲江煎茶》诗更以其"雪乳已翻煎处脚，松风忽作泻时声"的茶意千古流芳。

至宋朝，茶汤制作的手法从煎茶转变为点茶。点茶法是将茶碾成细末，置茶盏中，以沸水点冲而成的冲茶方法。具体方法是先注少量沸水调膏，继之量茶注汤，边注边用茶筅击拂。从蔡襄《茶录》、宋徽宗《大观茶论》等文看，点茶法的主要程序有备器、洗茶、炙茶、碾茶、磨茶、罗茶、择水、取火、候汤、熁盏、点茶（调膏、击拂）。点茶法流行于宋元时期，明朝前中期仍有点茶。

点茶之后，散茶的兴起催生了泡茶法。这是将茶置于茶壶或茶盏中，以沸水冲泡的简便方法。陆羽《茶经·六之饮》载："饮有粗茶、散茶、末茶、饼茶者，乃斫、乃熬、乃炀、乃舂，贮于瓶缶之中，以汤沃焉，谓之庵茶。"即将茶置瓶或缶（一种细口大腹的瓦器）之中，灌上沸水淹泡，唐时称"庵茶"，只不过这种冲泡法的茶品还是紧压茶捣碎后的茶末粉，但正是此庵茶开创

一片叶子落入水中

/ 宋·钱选《卢仝烹茶图》(局部)

了后世泡茶法的先河。

真正的泡茶法直到明清时期才流行。朱元璋罢贡团饼茶,遂使散茶(叶茶、草茶)独盛,茶风也为之一变。明代陈师的《茶考》载:"杭俗烹茶,用细茗,置茶瓯,以沸汤点之,名为撮泡。"这种用沸水冲泡瓯、盏之中的散茶方法沿用至今。但明清更普遍的还是壶泡,即置茶于茶壶中,以沸水冲泡,再分奉到茶盏(瓯、杯)中饮用。壶泡的主要程序有备器、择水、取火、候汤、投茶、冲泡、酾茶等。现今流行于各地的"工夫茶",正是典型的壶泡法。

第二节
水为茶之母

茶好水知道,谈茶就要论水。陆羽在《茶经》里评说:"山水为上,江水为中,井水为下。"清代张大复在《梅花草堂笔谈》中也说:"茶性必发于水,八分之茶,遇十分之水,茶亦十分矣;八分之水,试十分之茶,茶只八分耳。"说的是在茶与水的结合体中,水的作用往往会超过茶,这不仅因为水是茶的色、香、味的载体,而且饮茶时,茶中的各种物质的体现、愉悦快感

/ 元·赵原《陆羽烹茶图》(局部)

的产生、无穷意韵的回味,都是通过水来实现的;茶的各种营养成分和药理功能,最终也是通过水的冲泡,经眼看、鼻闻、口尝的方式来达到的。如果水质欠佳,那茶叶中的多种物质受到污染,人们饮茶时既闻不到茶的清香,又尝不到茶味的甘醇,还看不到茶汤的晶莹,也就失去了饮茶带来的物质、精神和文化享受。

水的软硬,是以水中所含的矿物质和氧化物的比重来区分的。硬水中,每升水中含有8毫克以上的钙、镁离子。软水中,每升水只有不到8毫克的钙、镁离子。从现代科学角度分析,泡茶要用软水。天然水中只有刚下的雨水、雪水是软水,其余的多是硬水,用软水泡茶,色汤明亮,香味俱佳;用硬水泡茶,茶叶中的某些成分便会氧化,导致茶汤变色,特别是红茶,失去鲜味,茶汤变黑,又苦又涩,不能饮用。

古代没有自来水、瓶装水、纯净水,但古代有"明月松间照,清泉石上流",水是至关重要的审美对象。圣人誉其性凡九则,曰德、义、道、勇、法、正、察、善、志。水之境界高乎哉!

关于宜茶之水,以陆羽的要求,首先是要远市井,少污染,重活水,恶死水,故认为山中乳泉、江中清流为佳。而沟谷之中,水流不畅,又在炎夏者,有各种毒虫或细菌繁殖,当然不宜饮。而究竟哪里的水好,哪儿的水劣,还要经过茶人反复实践与品评。

自陆羽开头,后代茶人对水的鉴别一直十分重视,以至于出现了许多鉴别水品的专门著述,最著名的有:唐人张又新《煎茶水记》;宋代欧阳修的《大明水记》;宋人叶清臣的《述煮茶小品》;明人徐献忠之《水品》、田艺衡的《煮泉小品》;清人汤蠹仙还专门鉴别泉水,著有《泉谱》。

唐人张又新在其《煎茶水记》中记载了陆羽对天下二十名水次第的排列:第一为江州庐山康王谷帘水,第二十为雪水。对于这秩序是否真为陆羽评定值得商榷。历代鉴水专家对水的判定很不一致,但归纳起来有许多共同之处,就是强调源清、水甘、品活、质轻。

择水也是一种有主观意识的审美活动。比如古人以为水须活水,但瀑布因为气盛而脉涌,无中和之气,与茶的品质相去甚远;梅雨如膏,其味独甘,煮茶最宜,但梅雨后便不堪饮。古人又好雪水,因其寒故,说不寒则性燥,而味必嚣,但又不可太寒,故雪水隔年为宜,取的依旧是中庸之道。比如"敲冰煮茗"之典,喻的却是敲冰人高风亮节。清朝皇帝乾隆每次出游,带有银质方斗,精量各地泉水秤,轻者为上,终以北京玉泉山水为冠,封为天下第一泉,皇帝便亲自树碑立传。以水洗水,也是天子的一大发明。

天下如此之大,哪能处处有佳泉,所以不少茶人主张因地制宜,学会"养水"。如取大江之水,应在上游、中游植被良好幽静之处,于夜半取水,左右旋搅,三日后自缸心轻轻舀入另一空缸，至七八分即将原缸渣水沉淀皆倾去。如此搅拌、沉淀、取舍三遍，即可备以煎茶了。有些讲究的要扔一块曾在灶膛中经长年烧烤的灶土砖，美其名曰伏龙肝，说是可防水中生虫。

元人项圣谟作琴泉图一幅，上有琴一架，罐数只，中贮有泉水，又有题诗一首，从"我将学伯夷，则无此廉节"说起，学柳下惠无此和平；学鲁仲连无此高蹈；学东方朔无此诙谐；学陶渊明无此旷逸；学李太白无此豪迈；学杜子美无此穷愁；学卢鸿乙无此际遇；学米元章无此狂癖，直到学苏子瞻无此风流，最后无奈叹曰："思比此十哲，一一无能为。或者陆鸿渐，与夫钟子期。自笑琴不弦，未茶先贮泉。泉或涤我心，琴非所知音。写此琴泉图，聊存以自娱。"先贮泉等待未到的清茶，对水的期待，可谓足矣。

第三节
活水还须活火烹

苏东坡词云："休对故人思故国，且将新火试新茶，诗酒趁年华。"又在他的《汲江煎茶》中写道："活水还须活火烹，自临钓石取深清。"

中国古代将热水称为"汤",茶汤也就是热茶水。火与茶汤的关系,恰恰和品饮茶的方式热饮相契。火的概念和温度的概念,我们在西汉王褒《僮约》的"烹茶尽具"中便已经读到,烹也正是热烧之意,可见中国人两千多年前就开始饮热茶了。须知品饮的方式并非热饮一种。人类拥有多种饮品,除了生水之外,有啤酒、葡萄酒、烧酒、咖啡,还有今天的碳酸饮料如可口可乐等。只有当社会普及饮茶之时,开水、沸水的意识才成为一种约定俗成。而正因为高温消毒,杀死了生水中的许多有害病菌,人类的生命与生活得以比以往更为安全地延续。今天的中国人完全习惯了热饮,即使是在最贫困的乡村,也养成了烧水饮用的习惯,可说与茶的品饮密切相关。

人类曾经遭遇过多次大规模的瘟疫,瘟疫后的人口大幅度下降是与饮用不洁生水有着密切关联的。生水煮沸之后会消灭诸多致病菌,若在沸水中又加以可作药用的茶叶,那就更是如虎添翼,恰恰是饮热茶这种方式,为人类的健康、保健带来至关重要的作用。

水高温消毒后饮用的方式并非一开始就被人类选择和界定的。中国和一些有饮茶习俗的亚非国家,人口众多,人类活动可能会导致水污染,如果没有因为喝茶所强制性需要的沸水冲泡,有许多人便会在喝生水中被感染、被传染，须知生水和熟水之间的口感差别，远远不如生菜与熟菜之间那样分明。有国外专家论证，中国在唐宋之后不再出现重大的传染病感染，以至于人口猛增，是与喝茶有重大关系的。喝茶使人们不得不饮用沸水，患传染病的概率大大降低。

煮茶是要技巧的，需要恰当的火候。茶圣陆羽是个煮水泡茶的能手，他认为水要"三沸"，第一沸时微闻水声，第二沸时边缘有如涌泉连珠，第三沸时则如波涛鼓浪，过了三沸则属"老水"，不宜泡茶。以现代科学眼光分析，不无道理。因为不同的茶叶所含的化学成分，如茶多酚、咖啡因、蛋白质、维生素等含量不同，茶叶色味也不同。若想泡出一杯理想的茶汤，必须掌握不同茶叶的数量与水的比例，水温高低和泡水时间的长短，比例协调才能芬芳可口，甘醇润喉，这是有科学道理的。

《茶经》中煮饮是专门有一章来讲解的，其中对茶、对器皿、对水、对火候都有界定。以精选佳水置釜中，以炭火烧开，但不能全沸，加入茶末。茶与水交融，二沸时出现沫饽，沫为细小茶花，饽为大花，皆为茶之精华。此时将沫饽杓出，置熟盂之中，以备用。继续烧煮，茶与水进一步融合，波滚浪涌，称为三沸。此时将二沸时盛出之沫饽浇入烹茶的水与茶，视人数多寡而严格量入。而晚唐五代苏廙的《十六汤品》一文，则认为煮汤足以控制茶的优劣，故对茶的煮法加以分析衍释成十六种，其中水沸程度分成三种，水的注法缓急分三种，茶器种类不同分五种，依薪炭燃料分五种，故共计十六汤品。

煮茶需要器具，器具不仅仅是煮水用的炭炉，还包括水煲、燃料等。煮茶时不宜使用铜制煲，易有铜臭味，最好用瓦煲，既可保温，又可以保持水质原味。使用松柴、杂草等燃料，水会带有焦青异味，最好以木炭为燃料，其次是谷壳、粗糠、蔗渣等，易于掌握火候。现代城市生活中，一般使用煤气、天然气和电热水器。水需煮开，但又不能老，水老不可食，千滚水可是不卫生甚至有害的。

第四节
品茶过程的艺术

把一个劳作的完整过程艺术化、道德化、游戏化，是可以从茶的冲泡中鲜明体现出来的。对茶的艺术的冲泡，便这样超越了对茶的直接的、功利的冲泡。在这里，目的不是目的的全部，过程则构成目的的内涵。品饮中茶艺每一个分解开来的动作，都是意味深长、耐人寻味的。

唐时品饮茶，茶汤煮好之后，要均匀地斟入各人碗中，意味着雨露均施，同分甘苦之意。陆羽评论说，茶从制造到品饮，其中有九道难关："一曰造，二曰别，三曰器，四曰火，五曰水，六曰炙，七曰末，八曰煮，九曰饮。"这九道难关，要一一破解，方能喝到一盏好茶。陆羽主张人少精品，三人喝茶是最好的，五个人就有些多了，茶圣的意思，品茶者不易多，比喻知音难觅，二三素心人即可。这里品饮的，正是君子之茶。

宋人品茶和唐人则完全不一样，唐人多以寺庙为喝茶空间，而宋人则把喝茶当作游戏，田间街角，热闹非凡，以斗茶为最。故后世郑板桥有诗云："从来名士能评水，自古高僧爱斗茶。"

斗茶是一种始于晚唐盛于宋代，品评茶叶质量高低和比试点茶技艺高下的茶艺，这种以点茶方法进行评茶及比试茶艺技能的竞赛活动，在"材、具、饮"上都不厌其精巧，注汤幻茶成诗成画，谓之茶百戏、水丹青，宋人又称"分茶"。分茶是以点茶为基础发展起来的茶之冲泡技艺，其艺术含量很高。

早在中唐，白居易《夜闻贾常州、崔湖州茶山境会，想阳羡欢宴，因寄此诗》中诗云"紫笋齐尝各斗新"，其中的"斗新"已具斗茶的某些特点。"境会"是唐代为了确保贡茶能按时保质保量送到京城举行的品尝茶叶质量的鉴定会。五代时期的和凝汤社，开斗茶先声。而到北宋的盛世之期，说茶论水，风气鼎盛，上自帝王，下到平民百姓，都喜欢斗茶，宋徽宗就是一位斗茶高手。

斗茶的核心在于竞赛茶叶品质的高下、点茶技艺的高低，基本方法是"斗色斗浮"。斗茶除了要比较茶叶的品种、制造、出处、典故和对茶的见解外，还要比较烹茶的用水和水温以及汤花等。

斗茶之程序一般如下：一是炙茶，先将茶饼"以沸汤渍之"，刮去膏油，用微火炙干。二是碾茶，用干净的纸包裹，槌碎，然后碾细。三是罗茶，把碾好的细茶过筛，筛出粗末再碾，再罗。四是烘盏，凡是点茶，必须先熁盏使之热。五是点茶，先投茶，然后注汤，调成膏状。第一汤沿盏壁注水，不要让水触到茶，先搅动茶膏，渐渐加力击拂，手轻筅重；第二汤从茶面上注水，先绕茶面注入一周，然后再急注，用力击拂，茶面上升起层层细泡；第三汤时注水要多，击拂要轻而匀；第四汤注水要少，搅动稍慢；第五汤稍快一些，搅动匀而透彻；第六汤用筅轻轻拂动乳点；第七汤分出轻清重浊，茶液稀稠适中，就可停止拂动。

斗茶胜负的标准：一比茶汤表面的色泽与均匀程度，汤花越白越厚越好；二比汤花与盏内壁相接处出现水痕的快慢，汤花紧

第六章　事茶的精道与品饮的浪漫

贴盏壁不散退叫"咬盏",汤花散退后在盏壁留下水痕叫"云脚散"。为了延长"咬盏"时间,茶人必须掌握高超的点茶技巧,使茶与水交融似乳,谁的茶盏先现水痕谁输。比赛规则一般是三局两胜,两条标准以第二条更为重要。品尝茶味也是重要的,蔡襄《茶录》中记载以为"茶味主于甘滑"。

随着散茶的崛起,斗茶之风消亡,但斗茶留下的丰富的经济

/ 清·姚文瀚《卖浆图》

及文化遗产至今鲜活地存在。斗茶对当时茶叶的加工起到了极大的促进作用，而斗茶倡导的评茶标准影响深远。蔡襄《茶录》中首先提出了评品茶叶品质的标准，即色、香、味三个方面，与当今色、香、味、形的评茶标准基本相符。

斗茶是古代茶文化的高峰。无论在所用之茶、所用之器具、程序及规模上均达到了前所未有的高度，给我们今天的茶人留下了一座茶文化景观的高峰。

自明清散茶兴起，工夫茶便成为茶艺之翘楚。所谓工夫茶，乃是一种由主、客数人共席，以沸水冲之，蓄茶于小壶后再注入小杯品饮的方式。它有一套严格的程序，其品饮的流域，随着工夫茶方式的起源到成熟，从最初的唐代的长安，到宋代的河洛，再到江浙的苏杭，再到明末清初的闽粤，至清中期以后转至岭南广东一带，形成以潮州工夫茶为典型的成熟工夫茶体系。散茶时代全面来临，给散茶冲泡法下的中国工夫茶，带来了宏大的时代契机。

传统工夫茶技艺，除选茶、择水、养水、活火之外，对泡茶与饮茶器具有着特殊要求。有煮水用的小风炉，有被称作玉书碨的煮水器，有泡茶用的茶壶孟臣罐，有品茶用的小杯若琛瓯，现代又发展出了闻香杯。在烹茶的过程中有择器、涤器、候汤、洗茶、燖盏、公道杯、烹点、饮啜、涤器等整一套流程，诸如"关公巡城""韩信点兵"等一系列手法,都体现在整个冲泡过程中。而充足的空闲时间加上茶人的素养,以及茶艺的造诣,将工夫茶的冲泡过程推向深远的人文意境。故而,工夫茶的冲泡法,今天已经惠及大江南北,远播中外,成为中国当代茶文化的重要表现内容。

茶以其独有的审美意蕴,深深地渗透在一个地域、一个民族甚至一个国家的文化传统中,并在当代各式各样的茶艺中得以淋漓尽致的展现。后来的人对其继承和发展,并加以实践,最终形成了各具特色的流派,造就了今天茶文化百花齐放、争奇斗艳的繁荣局面。

第五节
器为茶之父

作为精神饮品的茶,其承载的器皿必然也要具备相应的人文内涵。因此,茶器具在某种意义上已经不再是单纯的实用器皿,它从实用阶段进入了审美阶段,有些茶器具从工艺品升华为艺术品。无论实用性、工艺性还是艺术性茶器具,都是构成茶文化的重要元素。

一　茶器具简史

在各种古籍中可以见到的茶器具有茶鼎、茶瓯、茶磨、茶碾、茶臼、茶柜、茶榨、茶槽、茶筅、茶笼、茶筐、茶板、茶挟、茶罗、茶囊、茶瓢、茶匙、茶盏、茶碗、茶瓯、茶铫、茶铛、茶壶、茶注等，但主要还是指盛茶、泡茶、喝茶所用的器具。

专门用于品饮的茶器具何时出现，尚不能确定。根据目前存留的器物看，最早的茶器具为浙江湖州出土的一只约汉晋时的茶罐，其证据是茶罐肩上刻有一个"荼"字。而"茶具"一词，第一条史料则最早在汉代出现。西汉辞赋家王褒的《僮约》就有"烹茶尽具"之说。

唐代陆羽在《茶经》中专门有"二之具"一章，讲到了15种采、制茶的工具，在"四之器"里面讲到了包括"都篮"在内的24种煮茶工具，其中陆羽专门设计制作的风炉，以铜铁铸之，三足鼎立。一足云"坎上巽下离于中"，一足云"体均五行去百疾"，一足云"圣唐灭胡明年铸"。其三足之间设三窗，一窗上书"伊公"二字，一窗上书"羹陆"二字，一窗上书"氏茶"二字，所谓"伊公羹陆氏茶"也。这种煮茶的风炉以其强烈的文化性而被文人墨客重视。

第六章 事茶的精道与品饮的浪漫

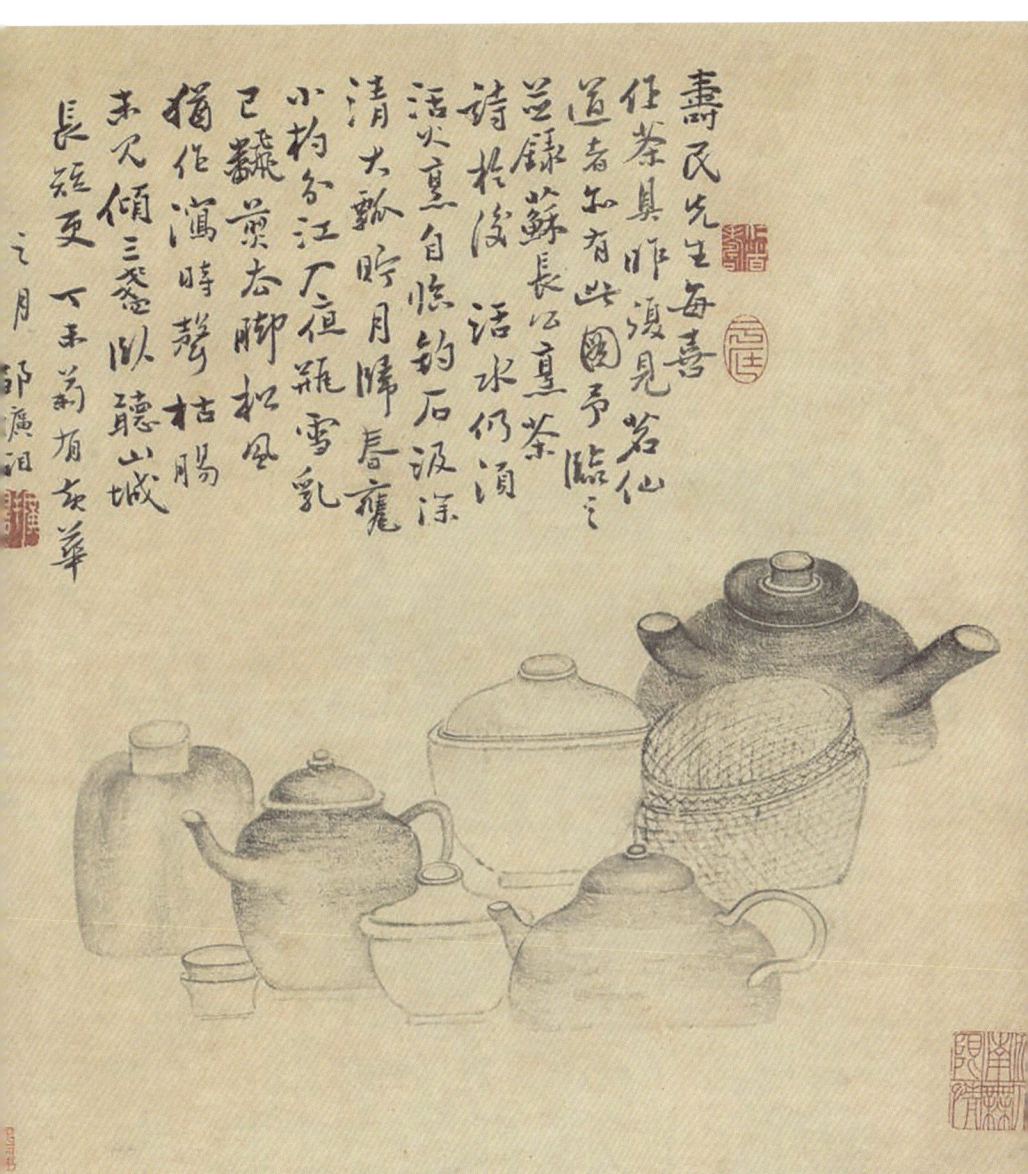

寿民先生每喜任茶具昨复见茗仙道者不有此图予临之芝录苏长公煎茶诗长句活水仍须活水真自临钓石汲清大瓢贮月归春瓮小杓分江入夜瓶已蠲兽亏古脚松风搧作滇时声枯肠未尺倾三盏以听山城长短更

之月 邹广祖

/ 清·邹扩祖《茶具图》

茶壶在唐代以前就有了，唐代人把茶壶称"注子"，其意是指从壶嘴里往外倾水，唐代的茶壶类似瓶状，腹部大，便于装更多的水，口小利于泡茶注水。茶盏在唐以前已有，是一种敞口有足圈的盛水器皿。茶碗也是唐代常用的茶器具，比茶盏稍大，但又不同于如今的饭碗，唐白居易《闲眠》曾云："尽日一餐茶两碗，更无所要到明朝。"今天人们品茶，更多使用的是茶壶和茶杯，但在民间的茶风俗活动中，茶碗还是经常被使用的器具。

宋人行点茶法，当时的茶器有茶焙、茶笼、砧椎、茶钤、茶碾、茶罗、茶盏、茶匙、汤瓶等。饮茶用的盏、注水用的执壶（瓶）、炙茶用的钤、煮茶用的铫等，质地更为讲究，制作更加精细。因古人多用鼎和镬煮水，直至两宋以降，煎茶已逐渐为点茶所替代，茶壶的作用就更重要了。壶注为了满足点茶的需要制作得更加精细，嘴长而尖，以便水流冲击时能够更有力，故逐渐被既可煮水又可用于泡茶的"汤瓶"取而代之。而宋代茶盏讲究陶瓷成色，追求"盏"的质地、纹路和厚薄。因茶汤需白，故宜选用黑色茶盏，目的就是更好地衬托茶色。

明代散茶冲泡已成主流，茶器具多在盛茶汤的器皿上下功夫。明朝瀹茶煮水的汤瓶样式品种增多，明清以降，茶器具以景德镇瓷茶器具和宜兴紫砂茶器具为代表，一直风行大江南北，直到今天依然代表着茶器具的高峰。

明代茶技艺越来越精,对泡茶、观茶色、酌盏、烫壶更有讲究,在茶壶领域人们开始看重砂壶这种新的茶艺追求。《长物志》载:"茶壶以砂者为上,盖既不夺香,又无熟汤气。"因为砂壶泡茶不吸茶香,茶色不损,所以砂壶被视为佳品。

二 茶器具质地

金属茶器具:茶器具的质地也可说是琳琅满目,其中金属茶器具是指由金、银、铜、铁、锡等金属材料制作而成的器具,是我国古老的日用器具,自秦汉至六朝,茶作为饮料已渐成风尚,茶具也逐渐从其他饮具中分离出来。南北朝时,中国出现了包括饮茶器皿在内的金银器具,隋唐时金银器具的制作达到高峰。20世纪80年代中期,陕西扶风法门寺出土的一套由唐僖宗供奉的鎏金茶具,可谓金属茶具中的稀世珍宝。特别是从明代开始,随着茶类的创新,饮茶方法的改变,以及陶瓷茶具的兴起,才使包括银质器具在内的金属茶具逐渐式微,但用金属制成贮茶器具,如锡瓶、锡罐等,至今仍流行于世。

锡器是一种古老的手工艺品,中国古代人就已懂得在井底放上锡板以净化水质,皇宫里也常用锡制器皿盛装御酒。锡器能作为茶具,缘于其自身的一些优秀特性。锡对人体无害。制成茶叶罐密封性好,可长期保持茶叶的色泽和芳香,储茶味不变。锡除了具有优美的金属色泽外,还具有良好的延展性和加工性能,用锡制作的各种器皿和艺术饰品异常精美。

古人贮藏茶叶多以罐贮为主,除传统的陶罐、瓷罐、漆盒外,尤以锡罐为最好。明代浙人屠隆在《茶笺》中说:"近有以夹口锡器贮茶者,更燥更密,着磁坛犹有微罅透风,不如锡者坚固也。"指出以锡代瓷,贮茶效果更好。清人刘献庭在《广阳杂记》中则有这样的言论:"余谓水与茶之性最相宜,锡瓶贮茶叶,香气不散。"清人周亮工在《闽小记》中说:"闽人以粗瓷胆瓶贮茶,近鼓山支提新名出,一时尽学新安(徽州),制为方圆锡具,遂觉神采奕奕不同。"1984年,瑞典打捞出1745年9月12日触礁沉没的"哥德堡号"商船,从船中清理出一批被泥淖封埋了240年的瓷器和370吨乾隆时期的茶叶。少数茶叶由于锡罐封装严密未受水浸变质,冲泡饮用时香气仍在。时至今日,我们仍然能够看到各种式样的古锡瓶茶罐,有六角形、葫芦形和扁葫芦形,以及封装徽州茶的方形锡罐等。

瓷质茶器具:主要有青瓷、白瓷、黑瓷和彩瓷等茶器具。青瓷品以浙江的质量最好,其色泽青翠,冲泡绿茶时更显汤色之美。东汉年间越地已生产出色泽纯正之青瓷,晋代越窑、婺窑、瓯窑已具相当规模,作为宋代五大名窑之一的浙江龙泉哥窑生产的青瓷茶器具最为精美。明代,青瓷茶器具更以其质地细腻、造型端庄、釉色青莹、纹样雅丽而蜚声中外。16世纪末,人们用当时风靡欧洲的名剧《牧羊女》中的女主角雪拉同的美丽青袍与之相比,称出口法国的龙泉青瓷为"雪拉同"。

白瓷茶器具因色泽洁白,能反映出茶汤色泽,传热、保温性能适中,加之色彩缤纷,造型各异,堪称饮茶器皿中之珍品。白瓷茶具适合冲泡各类茶叶,加之造型精巧,装饰典雅,其外壁多绘有山川河流、四季花草、飞禽走兽、人物故事,或书以名人书法,颇具艺术欣赏价值,所以使用最为普遍。唐时河北邢窑生产的白瓷器具已天下通用无贵贱之分,元代江西景德镇白瓷茶具亦远销国外。

黑瓷茶器具始于晚唐,鼎盛于宋,延续于元,衰微于明、清,是因为自宋代开始,饮茶方法已由唐时煎茶法逐渐改变为点茶法,而宋代流行的斗茶,又为黑瓷茶具的崛起创造了条件。宋代的黑瓷茶盏由此成为瓷器茶器具中最大品种。福建建窑、江西吉州窑、山西榆次窑等,都大量生产黑瓷茶器具,其中建窑生产的"建盏"最为人称道。蔡襄在《茶录》中这样说:"建安所造者……最为要用。出他处者，或薄，或色紫，皆不及也。"建盏配方独特，烧制过程中釉面呈现兔毫条纹、鹧鸪斑点、日曜斑点，增加了斗茶的情趣。曜变天目在天目山径山寺被日本僧人带回国后，一直被称为珍贵无比的"唐物"而崇拜，直至今天。明代茶的品饮之法与前朝不同，黑瓷建盏基本完成历史使命，而作为审美功能永存于现实生活中。今天，点茶技艺在中国重新崛起，黑盏也再次成为茶人的宠爱之物。

彩色茶具的品种花色很多，其中尤以青花瓷茶具最引人注目——这是一类以氧化钴为呈色剂，在瓷胎上直接描绘图案纹饰，再涂上一层透明釉，尔后在窑内经1300℃左右高温烧制而成的器具。古人将黑、蓝、青、绿等诸色统称为"青"，"青花"由此具备了以下特点：花纹蓝白相映成趣，赏心悦目；色彩淡雅幽静，华而不艳；彩料涂釉滋润明亮，平添魅力。

元代中后期，青花瓷茶器具开始成批生产，江西景德镇是其主要生产地。从此中国传统绘画技法运用在瓷器上，使青花茶具的审美突破民间意趣，进入中国国画高峰——文人画领域。明代景德镇生产的青花瓷茶器具花色品最多，质量最精，诸如茶壶、茶盅、茶盏，无论是器型、纹饰等都冠绝全国，成为各地窑场的模仿对象，清代，特别是康熙、雍正、乾隆时期，青花瓷茶器具在古陶瓷发展史上，又进入一个历史高峰，超越前朝，影响后代。

陶土茶器具：陶土器具是新石器时代的重要发明。最初是粗糙的土陶，然后逐步演变为比较坚实的硬陶，再发展为表面敷釉的釉陶。宜兴古代制陶技艺颇为发达，在商周时期，就出现了几何印纹硬陶。秦汉时期，已有釉陶烧制。

陶器中的佼佼者首推宜兴紫砂壶。作为一种新质陶器，紫砂壶始于宋代，盛于明清，流传至今。北宋梅尧臣的《依韵和杜相公谢蔡君谟寄茶》中说道："小石冷泉留早味，紫泥新品泛春华。"说的是紫砂茶器具在北宋刚开始兴起的情景。

紫砂壶是用紫金砂泥烧制而成。含铁量大，有良好的可塑性，烧制温度以1150℃左右为宜。紫砂壶烧结密致，胎质细腻，既不渗漏，又有肉眼看不见的气孔，经久使用而不坏，还能汲附茶汁，蕴蓄茶味，且传热不快，不致烫手，故有三大特点，泡茶不走味，贮茶不变色，盛暑不易馊。

紫砂壶以其制造艺人的匠心巧手，材质的独特亲和，造型语言的古朴典雅，深得文人墨客的钟爱。多年的文化积淀，使紫砂壶融诗词文学、书法绘画、篆刻雕塑等诸艺于一体，成为一种既具优良实用价值，又具优美审美欣赏，亦可把玩及收藏的工艺美

/ 明代供春造紫砂壶，现存国家博物馆

术精品。

一般认为，明代的供春为紫砂壶第一人。供春曾为进士吴颐山的书僮，随主人陪读于宜兴金沙寺，闲时常帮寺里老僧抟坯制壶。传说寺院里银杏参天，盘根错节，树瘤多姿。他朝夕观赏，乃模拟树瘤，捏制树瘤壶，造型独特，生动异常。老僧见了拍案叫绝，便把平生制壶技艺倾囊相授，使他最终成为著名制壶大师。供春的制品被称为"供春壶"。其造型新颖精巧，质地薄而坚实，被誉为"供春之壶，胜如金玉，栗色暗暗，如古金石"。

自供春壶闻名后相继出现的制壶大师中，时大彬可谓佼佼者,当时就有推崇其壶的诗句"千奇万状信手出","宫中艳说大彬壶"等。清初陈鸣远制作的茶壶,线条清晰,轮廓明显,壶盖有行书"鸣远"印章,至今被视为珍品。嘉庆年间江苏溧阳知县钱塘人陈曼生,独好茶壶,工于诗文、书画、篆刻,特意和杨彭年配合制壶。陈曼生设计,杨彭年制作,再由陈曼生镌刻,完成了紫砂壶集诗书画印为一体的完整艺术样式,其作品世称"曼生壶",直跻商彝周鼎之列。而民国初年玉成窑所创制的文人紫砂壶,继曼生壶之后将紫砂壶再次推向高峰。

名手所作紫砂壶造型精美,色泽古朴,光彩夺目,发展至今,形成了光货、花货和筋囊货三大类别。这是实用价值和审美艺术的高度统一。一套茶具只有具备了恰当比例的容积和重量,提用方便的壶把,周围合缝壶盖,出水流畅的壶嘴,脱俗和谐的色地和图案,才能算是一件合规的紫砂壶。

欣赏紫砂壶有五种角度。一是对紫砂壶神韵的品味:厚德载物、雅致平和正与其意境最为融洽。二是对紫砂壶形态的品味:方非一式,圆不一相,大小高矮,曲直转折,抑扬顿挫。三是对紫砂壶款的品味:鉴别壶的作者,欣赏题词的内容,由此表达对生生不息的美的深远怀想与崇敬。四是对紫砂壶功能的品味:这是美与实用的高度统一。五是对紫砂壶色的品味:紫泥、绿泥和红泥这三种泥烧出了几十种颜色。他们分别是海棠红、朱砂紫、葵黄、墨绿、白砂、淡墨、沉香、水碧、冷金、闪色、葡萄紫、榴皮、梨皮、豆青、新铜绿,我们可以欣赏其无与伦比的美。

紫砂壶中的铭文题识原本是文人墨客的雅事,无关功用。但一旦与茶器结合,就成了雅事不可或缺的重要组成部分。其特殊的审美意韵,是极致的阳春白雪和极致的下里巴人的完美结合。铭文题识中的文句,绝大多数从四书五经及先秦文字中提取,字越高古难识越有价值,文句越难读懂越被人看重,而题字之人也往往是名书法家、名画家。

漆器茶器具:作为一种古老工艺,先秦时期就散发出耀眼的光芒。主要产于福建福州一带。茶具多姿多彩,有"宝砂闪光""金丝玛瑙""釉变金丝""仿古瓷""雕填""高雕""嵌白银"等品种,特别是创造了红如宝石的"赤金砂"和"暗花"等新工艺以后,更加鲜丽夺目,惹人喜爱。

竹木茶器具:隋唐以前的饮茶器具,除陶瓷器外,民间多用竹木制作而成。陆羽在《茶经·四之器》中开列的24种茶具,多数是用竹木制作的。这种茶具来源广,制作方便,对茶无污染,对人体又无害,因此从古至今,一直受到茶人的欢迎。但缺点是不能长时间使用,无法长久保存。直到清代,四川出现了一种竹编茶器具,既是工艺品,又有实用价值,有茶杯、茶盅、茶托、茶壶、茶盘等,多为成套制作。由内胎和外套组成,内胎多为陶瓷类饮茶器具,外套用精选慈竹,经劈、启、揉、匀等多道工序,制成粗细如发的柔软竹丝,经烤色、染色,再按茶具内胎形状、大小编织嵌合。整体如一的茶具,色调和谐,美观大方,能保护内胎,避免损坏,且不易烫手,富含艺术欣赏价值。

玻璃茶器具:质地透明,光泽夺目,外形可塑性大,形态各异,用途广泛。用玻璃杯泡茶,茶汤色泽鲜艳,茶叶细嫩柔软。茶叶在整个冲泡过程中上下浮沉,叶片逐渐舒展,可说是一种动态的艺术欣赏。特别是冲泡各类名茶,茶具晶莹剔透,杯中轻雾缥缈,澄清碧绿,芽叶朵朵,亭亭玉立,观之赏心悦目,别有风趣。而且玻璃杯价廉物美,深受广大消费者的欢迎。缺点是容易破碎,比陶瓷烫手。

搪瓷茶器具:以坚固耐用,图案清新,轻便耐腐蚀而著称。起源于古代埃及,后传入欧洲,大约是在唐代传入中国。明代景泰年间,中国创制了珐琅镶嵌工艺品景泰蓝茶具,清代乾隆年间景泰蓝从宫廷流向民间,是中国搪瓷工业的肇始。中国真正开始大规模生产搪瓷茶具,是20世纪初的事,加彩搪瓷茶盘受到不少茶人的欢迎。

第六节
国外的著名茶器具样式

茶器具是喝茶必不可少的器物,可以说每个饮茶国和饮茶民族都有自己的器具,我们在此选择一些特质鲜明的器具专门介绍。

一 日本茶道具

日本茶道具经过400多年的演化,种类极其繁多,主要有:凉炉、茶杯、茶釜、茶入和茶碗等。其中凉炉用于煮水。传说是江户时代初期的隐元禅师最早创制的,仿照了中国茶炉主要为白泥凉炉,因其洁净高雅被人们喜爱至今。茶杯追求小而精,由此确立了煎茶道的独特特征,在日本煎茶界早有共识。有人认为这是受中国的工夫茶的影响。茶釜就是烧水用的锅、壶。在茶人的手中,创造出了千姿百态的茶釜。日本的芦屋、天明、京都,是三大茶釜产地,松永久秀的"平蜘蛛"是极名贵的茶釜。茶入是盛浓茶粉的小罐,是重要的茶道具之一,最早来自中国,因此十分珍贵,是武将身份和权势的象征。茶碗是茶道具中品种最多、价值最高、最为考究的一种,甚至被作为所有茶道具的代称。

茶碗是陶制的，直接体现了日本陶器工艺的最高成就，以"乐窑""织部窑""志野窑"等出产的茶碗为代表。

日本茶道具还有茶室空间壁龛用的挂轴、花入（插花瓶）、香盒，烧水用的风炉、地炉、炉灰（垫在炭下起炉底作用的草垫子）、添炭用的炭斗（乌府）、羽帚、釜环（可装卸的茶釜把）、火箸、釜垫（垫在釜下隔热用的）、灰器（盛灰的），点茶用的薄茶盒、茶勺、茶刷、清水罐、水注（带嘴的水壶）、水勺、水勺筒、釜盖承、污水罐、茶巾、绢巾、茶具架等等数十种，集中反映了日本手工业的总体成就。

工艺品越是靠近理想就越美，而工艺则越接近现实就越美。日本茶道具经历了这两个极端。其中最具代表性的器物就是唐物和乐烧。

我们先来看看什么是唐物。"唐物"是古代日本人对来自中国的舶来品的雅称，唐物一词的出现，最早可以追溯到日本桓武天皇时期，包含中国唐代至明代的器物，种类涉及书籍、佛具、书画、瓷器、漆器等多种类别，多为中国隋唐两代产物，经当时遣唐使、留学生、学问僧及渡日僧等人带入日本。亦有自中土或自新罗、百济东渡至日本的工匠，日本奈良时代吸取唐代文化、别抒新意的匠人，模仿唐制而成者。后来镰仓时代日本僧侣渡海

一片叶子落入水中

赴宋求法，在浙江天目山将建窑茶碗等物带回日本，这些地位很高的天目茶盏也被称为"唐物天目"。

自镰仓、室町时代起，唐物就受到将军与武士家族的重视，其中宋、元、明三朝的茶器更是历代权贵与收藏家所热衷的佳品。随着饮茶的习惯与茶道礼仪在日本逐渐普及，对于唐物的追逐也就越发热烈。

15世纪末至16世纪初，由负责室町幕府足利将军家文物鉴赏及掌管艺文活动的专业幕僚团队编撰的《君台观左右帐记》问世，这是一本关于唐物的品评与鉴赏的书。

室町将军以拥有唐物天目茶碗为至高荣耀，此风尚被之后战国时代的织田信长、丰臣秀吉、德川家康等人延续，其他的战国武将也同样热衷收藏名品茶器，抢夺、购买的故事也成为传奇。日本文化中对于唐物的喜爱与尊崇催生出了被称为"和制唐物"的模仿作品。这些器物不少也成为日本的重要器物。

关于日本乐烧的起源，与韩日两国陶艺家有关。据说是日籍朝鲜陶器工匠阿米夜（怡屋）与其日本妻子比丘尼·佐佐木所生的儿子初代长次郎，在永正年间曾经在丰臣秀吉的府邸"聚乐"邸内烧制茶陶，作品被称为"聚乐烧"。以后他的徒弟、千利休之孙常庆被丰臣秀吉赐"乐"字金印，其后代所烧制的茶陶作

/ 日本国宝油滴天目，现存大阪市立东洋陶瓷美术馆

品都盖了"乐"字印戳，从此有了"乐烧"之名。另有说法是由"壬辰倭乱"中被日本人抓去的古朝鲜陶工后裔朝四郎，在日本创制了乐烧技法。

乐烧作品真正用于日本茶道是在天正十四年（1586年）左右，产品全部为茶具，其中绝大多数是茶碗。千利休觉得唐物的"富贵风"体现不了日本茶境。于是，他大量结合使用了朝鲜半岛传来的庶民用来吃饭的高丽茶碗——这种碗属于软陶,质地松,形状不规则,表面有麻点,色彩朴素,无花纹——又以中国三彩陶技术为基础,结合高丽茶碗简淡的特色,自己指导,由长次郎完成了乐烧茶碗的制作。

乐烧茶碗根据釉色分为赤乐与黑乐两种常见颜色,还有白乐、黄乐、紫乐、蓝乐,但极其稀少。赤乐施红釉,乐烧完全由手捏制,刀削成型,因而器型都不完全规整,正符合了日本茶道中不对称的审美。乐烧虽看似粗朴,实则是精心制作之产物。尤其是黑乐茶碗,兼有天目茶碗的釉色之雅与高丽茶碗的造型之柔,又与深绿的末茶在色调上极为协调,极受千利休的喜爱,很快在茶人中普及。乐烧茶碗是一种彻底表现千利休美学思想的茶碗,融合中国的陶瓷技术、朝鲜的陶瓷设计、日本的精神文化,三合一而集大成的终极茶碗。最后成为"抹茶碗"的代名词。

在介绍完日本茶道具之后,我们会发现,虽然他们有完整的全套器皿来支撑长达4小时1000多动作的茶道全程,但他们在茶道具中寄托的文化意韵是最为深入的,这可以说是日本茶道具最独特的风格吧。

/ 长次郎烧制的黑乐茶碗，现存日本东京国立博物馆

二 英国下午茶套具

相较于日本茶道具中对于永恒的思量、禅意的寂悟，英国下午茶强调的则是此时此刻时空中的真切感受，而这样的感受又是要与身心的全部感官发生最惬意的全面渗透的，故而，他们的空间茶器具亦与这种文化需求密切相关。

从东方漂洋过海传来的茶文化,让英国人沉醉了300年。"钟敲四下,一切为下午茶停下",20世纪初贵族的生活状态被展现得淋漓尽致。隐匿于上流社会,却又时常抛出橄榄枝待人采撷的英式下午茶,无处不在又不露声色。席上常现的银质器皿,是来自传承了200年的意大利贵族品牌Sambonet。银质器皿的魅力不仅在于它优美的线条,更在于拿在手上的质感。全银的茶壶、滤匙、滤匙托和刀叉,奢华贵重,任何食物都能被衬得高雅满满。

可以看看他们的茶器具设计:瓷器茶壶(两人壶、四人壶或六人壶,视招待客人的数量而定);滤匙及放筛检程式的小碟子,杯具组、糖罐、奶盅瓶、三层点心盘,茶匙(茶匙正确的摆法是与杯子成45度角)、7英寸(1英寸=2.54厘米)个人点心盘、茶刀(涂奶油及果酱用)、吃蛋糕的叉子、放茶渣的碗、餐巾、一盆鲜花、保温罩、木头拖盘(端茶品用)。

蕾丝手工刺绣桌巾或托盘垫是维多利亚式下午茶很重要的配备,是象征着维多利亚时代贵族生活的重要饰物。正统英式下午茶所使用的茶以"红茶中的香槟"——大吉岭红茶为首选,或伯爵茶,不过演变至今连加味茶都有。再放首优美的歌曲,此时下午茶的氛围便营造出来了。有了这些氛围更要有优美的装饰来点缀，在摆设时可利用花、漏斗、蜡烛、照片或在餐巾纸上绑上缎花，等等。

正宗英式下午茶有严格的礼仪。

一为餐巾：落座后将餐巾对半折成长方形置于双腿上，开口朝外；女性可将餐巾开口朝内，便于用内侧擦口红而不被看到。

二为倒茶：先倒茶，然后根据需要添加牛奶和糖。古时下层民众因使用粗瓷，怕热茶倒入导致茶杯被烫裂而先倒牛奶，但上流社会的贵族采用的优质骨瓷不怕烫，现今的茶杯通常也无此顾虑。

三为茶杯与杯托：在正常高度的餐桌前用茶，可不端杯托直接端起茶杯喝；如果茶具是放在茶几这样较低的地方，或者坐在沙发上想向后靠着沙发背饮茶，需要左手将杯托连同茶杯一起端起，喝的时候再用右手端茶杯。

四为手指：用右手拇指、食指、中指三根手指捏住杯柄，无名指和小拇指不要向外伸，或者用五根手指捏住杯柄，任何手指都不要去勾杯柄。

五为搅拌：用右手拿茶匙以垂直于自己的方向在杯中前后画直线（6点到12点针方向）循环往复，不要画圈也不要碰杯子，不能发出声响，搅拌完后茶匙也不要碰杯子，而是将茶匙轻轻放回杯托。

六为胳膊肘：全程不得将胳膊肘支在桌上，在不端茶杯时可以放在腿上。

七为奶油和果酱：吃司康前用刀取些奶油放在自己的盘子一边，用果酱碗里配的小勺取些果酱放在自己盘中的奶油旁边。

八为司康：用手横向将司康掰成两半，不能用刀切。然后用刀将自己盘中的奶油和果酱涂在司康上，顺序随意，但不要将两半司康合在一起像汉堡一样吃，而是两半分别吃。

九为顺序：如果有三层点心盘，通常下层为三明治、中层为司康、上层为甜点，从下往上吃，即由咸到甜。

十为中途离席：将餐巾放在椅子上，不要放在桌上。餐毕才将餐巾放在桌上。

四点的下午茶，三点就开始期待，不经意的午后浪漫邂逅，一眼便沦陷其中。

惬意地依偎在沙发中，闻着馥郁浓香的红茶，品一口点心，细数时光流淌。茶香、甜点，让英国人沉醉在300年的午后阳光里，感受生活的惬意，英国人喝的不仅仅是茶，更是情调。

三　俄罗斯茶炊

俄罗斯茶炊实际上是喝茶用的热水壶，装有把手、龙头和支脚。长期以来，茶炊是手工制作的，工艺颇为复杂。直到18世纪末至19世纪初，工厂才大批生产茶炊。茶炊的形状各式各样，有圆形的、筒形的、锥形的、扇形的，还有两头尖中间大酷似橄榄状的大桶。驰名全国的图拉市茶炊，是用银、铜、铁等金属原料和陶瓷制成的。稍后，出现了暖水瓶似的保温茶炊，内部为三格，第一格盛茶，第二格盛汤，第三格还可盛粥。后期使用的电茶炊，形状近似金银质的奖杯。俄罗斯的能工巧匠们常将茶炊的把手、支脚和龙头雕铸成金鱼、公鸡、海豚和狮子等栩栩如生的动物形象。俄罗斯人喝茶通常是用茶炊煮好茶，然后往杯中注入浓茶汁，再加开水，调到适当的浓度，饮茶的茶炊一般很小，如同小酒杯一样，人们可以边倒边品尝边聊天。

18世纪，茶在俄罗斯逐渐盛行，茶炊便于此时被发明。茶炊的制作与金属的打造工艺不断完善密切相关。何时打造出的第一把茶炊已无从查考，但据记载，早在1730年在乌拉尔地区出产的铜制器皿中，就有外形类似于茶炊的葡萄酒煮壶。直到18世纪中下期才出现了真正意义上的俄罗斯茶炊，当时有两种不同用途的茶炊：茶壶型茶炊和炉灶型茶炊。茶壶型茶炊的主要功能是煮茶，它也经常被卖热蜜水的小商贩用来装热蜜水，以便于走街串巷叫卖，且能保温。人们在茶炊中部竖一空心直筒，盛热木炭，茶水或蜜水则环绕在直筒周围，从而达到保温的功效。炉灶型茶炊的内部除了竖直筒外还被隔成几个小的部分，用途更加广泛：烧水煮茶可同时进行，这种"微型厨房"式的功能使它的使用范围并未局限于家庭，深受旅行者青睐。无论在森林还是草场，在能找到作为燃料的松果或木片的地方，人们都可以就地摆上炉灶型茶炊，做一顿野外午餐并享受午后茶饮的惬意。到19世纪中期，茶炊基本定型为三种：茶壶型（或也称咖啡壶型）茶炊、炉灶型茶炊、烧水型茶炊（只用来烧开水的茶炊）。

  茶炊的外形也十分多样化，有球形、桶形、花瓶状、小酒杯形、罐形等，以及一些呈不规则形状的茶炊。

  谈到茶炊就不能不提到它的产地。19世纪初，莫斯科州的彼得·西林先生的工厂主要生产茶炊，年产量约3000个；到19世纪20年代，离莫斯科不远的图拉市则一跃成为生产茶炊的重要基地，仅在图拉及图拉州就有几百家加工铜制品的工厂，主要生产茶炊和茶壶；到1912和1913年，俄罗斯的茶炊生产量达到了顶峰，当时图拉的茶炊年产量已达66万只，可见茶炊市场的需求量之大。

俄罗斯作家和艺术家的作品里也多有对俄罗斯茶炊的描述,普希金的《叶甫盖尼·奥涅金》中有这样的诗句:

天色转黑,晚茶的茶炊

闪闪发亮,在桌上咝咝响,

它烫着瓷壶里的茶水;

薄薄的水雾在四周荡漾。

这时已经从奥尔加的手下

斟出了一杯又一杯的香茶,

浓酽的茶叶在不停地流淌。

诗人笔下的茶炊既烘托出时空的意境,又体现着俄罗斯茶文化所特有的氛围。

俄罗斯著名的画家鲍里斯·库斯托季耶夫以饮茶为题材作有油画《商妇品茗》,画面中高耸的铜制茶炊与商妇喝茶的优雅姿态,传递出俄罗斯茶文化独特的气息。

在现代俄罗斯人的家庭生活中仍离不开茶炊,只是人们更习惯于使用电茶炊。电茶炊的中心部分已没有了盛木炭的直筒,也没有其他隔片,茶炊的主要用途变得单一——烧开水。人们用瓷

一片叶子落入水中

/ 著名画家鲍里斯·库斯托季耶夫的作品《商妇品茗》

茶壶泡茶叶，茶叶量根据喝茶人数而定，一般一人一茶勺。茶被泡3到5分钟之后，给每人杯中倒入适量泡好的浓茶叶，再从茶炊里接开水入杯。可见，现代俄罗斯的城市家庭中的流行趋势是用茶壶代替茶炊。茶炊更多时候只起装饰品、工艺品的作用，但每逢隆重的节日，现代俄罗斯人一定会把茶炊摆上餐桌，亲朋好友则围坐在茶炊旁饮茶。似乎只有这样，节日的气氛、人间的亲情才得以尽情渲染。

综上所述，茶器具不只是盛放茶的容器，更是生活中一个美丽的衔接。所谓"器为茶之父"，其深刻的意义，正在于茶器具中所包含的人文精神。诚如当代作家王小波所说的那样：在器物的背后，是人的方法和技能；在方法和技能的背后是人对自然的了解；在人对自然了解的背后，是人类了解现在、过去与未来的万丈雄心。

第七章

品茶中的人文教化

茶道，是茶文化的核心。茶道的定义、内容、影响，茶道在文化中的地位、茶道的意义，都是我们需要了解的内容。

第一节
什么是茶道

"茶道"二字最早由陆羽亦师亦友的皎然在《饮茶歌诮崔石使君》中提到："孰知茶道全尔真，唯有丹丘得如此。"他调和了儒家的礼仪伦理和道家的羽化追求，将二者与茶性融为一体，达到陶冶情操、修身养性、超然物外的人生境界。茶由此渗透了深厚的人文精神，以独特的茶文化形式流传了下来，对后世茶文化的发扬光大有着深刻的影响。

关于什么是茶道，茶学界定义颇多。陆羽《茶经》中说："茶之为用，味至寒，为饮最宜。精行俭德之人……"在此已诠释了茶道精神为"精行俭德"。中国当代茶圣吴觉农认为，茶道是"把茶视为珍贵、高尚的饮料，饮茶是一种精神上的享受，是一种艺术，或是一种修身养性的手段"。茶界泰斗庄晚芳认为茶道是一

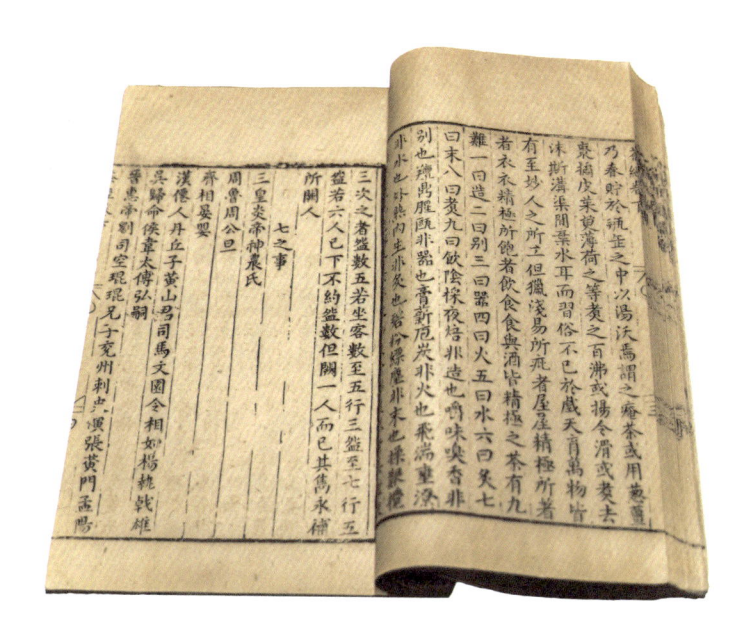

/ 北京国家典籍博物馆收藏的《新刻茶经·三卷》，明万历年间文会堂格致丛书本

种通过饮茶的方式，对人民进行礼法教育、道德修养的一种仪式，其基本精神为"廉、美、和、敬"。茶文化学科创始人陈文华认为"茶道是品茗的哲学，是品饮茶之过程中体现与感悟的精神境界、道德风尚、处世哲学与教化功能"。日本学者仓泽行洋认为，茶道以深远的哲理为思想背景，综合生活文化，是东方文化之精华。道是通向彻悟人生之路，茶道是至心之路，又是心至茶之路。中外茶文化学者以各自对茶的研究与领悟为出发点，得出如此之多不同的定义，丰富和深入了人们对茶道的认识理解。

本著对茶道作了以下定义——茶道即关于茶的人文精神及相应的教化规范，其核心为陆羽定位的"精行俭德"。

茶道的滥觞离不开中国传统文化背景，其内容组成部分主要由儒释道三家构成。其中，儒家作为中国封建社会两千年来统治阶级的主流文化意识，亦是茶文化的主体，其以"仁"为核心，以"礼"为规范。道家作为中华民族的本土文化，视自然为道，以"成仙得道"为修行方式，将茶视为灵丹妙药，对茶文化的贡献在于达观乐生、养生的生命态度。佛教文化自汉代从西域传至中土，与茶相结合，呈现出特有的茶禅一味精神。供茶悟禅，以禅入茶，茶禅互补，可以视其为一种修心、养性、开慧、益思的手段，传达饮茶与禅境的交融，茶味与禅意的融合。三家中，儒家通过茶寻求人与人、人与社会之间的真理，道家通过茶寻求人与自然之间的通途，佛家通过茶开启人与身心的灵魂之门。这些由先人积累与沉淀下来的精神遗产，作为茶文化的命脉，至今还滋养着后世。中国诸多饮茶民族对茶有着自己特有的理解，茶从古巴蜀的崇山峻岭中走来，其生命形态与西南少数民族间的生存形态相依相存。这同样构成了中华民族的传统文化精神，与汉文化圈的儒释道精神共同建架起中国茶道的精神内涵。

第二节
儒家文化与茶

儒家本为中国春秋时期的一个思想流派,由春秋末期的思想家、教育家孔子创立,后来逐步发展为以仁为核心的思想体系。儒家的学说简称儒学,是中国古代的主流思想价值观,自汉以来,在绝大多数的历史时期作为中国的官方思想,至今也是全球华人的人文思想基础。儒家学派对中国、东亚乃至全世界都产生过深远的影响,至今依然是中国社会一般民众的基础价值观,并在全球作为中国文化的呈现和民族传统的标记。

中国茶文化起始于"礼"。礼就是顺应人情而制定的标准,是封建时代维持社会、政治秩序,巩固等级制度,调整人与人之间各种社会关系和权利义务的规范和准则。茶人的精神道德诉求是成为彬彬有礼的"君子"。

礼是需要在生活中操作的。以茶致礼可从以下几个方面集中体现:

茶为礼仪。茶为礼仪,作为等级社会的显圣物,周武王时期,茶便开始以贡品方式出现。后世天子,从宋徽宗到乾隆,无一不将茶作为以上赐下或以下奉上的象征。茶作为高贵的饮料,在君臣之道中以茶礼仪方式呈现。

茶礼在生活中发展为客来敬茶。《桐君录》中记载："……客来先设，乃加以香芼辈。"客人来了，要先用芼茶来招待，这说明2000多年前中国人已经知道以茶待客。这种"客来敬茶"的方式，逐渐演变成一种协调人际关系、进行社交往来的规范程式，比如人的重要生命阶段，包括出生、定亲、结婚、孩子满月、祝寿等，都成为了茶不可或缺的场合。又比如古代的婚姻礼仪，是指从议婚至完婚过程中的六种礼节，即纳采、问名、纳吉、纳征、请期、亲迎，每一个环节都少不了茶。而在中国逢年过节的茶话会、社交场合上，无酒可成席，无茶不成席。其教化功能，早就融入了其乐融融的一杯茶中。

如何上茶也是极有讲究的，例如奉茶与谢茶的手势都有讲究。如武夷山民间茶俗，大抵客至，寒暄问候，邀请入座；主人的家属立即洗涤壶盏，升火烹茶，冲沏茶水。此时主人讲究"端、斟、请"，主人以左手托杯底，右拇指、食指和中指扶住杯身，微笑请人用茶；客人则留意"接、饮、端"的举动，宜双手接杯，端杯细啜，寒暄叙话。主人复斟茶，饮毕不能将余泽倾倒，待客人走后方可清理、洗涤茶具。

以茶祭祀。以茶润生，亦以茶怀逝。自汉代始，以茶祭祀就成为了中国人的重要礼仪,茶于是进入贵族阶层,作为重要的祭祀用品。在20世纪70年代湖南长沙马王堆汉墓的发掘中,曾发现一箱随葬的茶叶,上写"槚笥"二字;湖北江陵的马山西汉墓群发掘时,也发现了一箱茶叶。这些茶叶随葬品反映了茶在贵族生活中的地位,说明在汉代的湖南地区,很有可能已经开始有了饮茶习俗,至少,茶已是一些达官贵人的必需之品。

中国以茶为祭礼,《周礼》中有所记载,但《周礼》成书何时尚未定论,所以无法确定周朝是否已经将茶作为祭品。以茶为祭的正式记载可见《南齐书·武帝本纪》:"又诏曰:我灵上慎勿以牲为祭,唯设饼、茶饮、干饭、酒脯而已。天下贵贱,咸同此制。"齐武帝萧赜的这一遗嘱是现存茶叶作祭的最早记载。

把茶叶用作丧事的祭品,是一种常见的祭礼形式。中国人的祭祀活动还有祭天、祭地、祭祖、祭神、祭仙、祭佛等。茶叶开始用于这些祭祀,时间上大致在两晋南北朝期间。晋《神异记》讲余姚虞洪在瀑布山遇到道士,引其采大茗,要求分点尝尝。虞洪回家以后,"因立奠祀",之后每次派家人进山,也都能得到大茶叶。

中国古代用茶作祭,有这样几种形式:一是在茶碗、茶盏中注以茶水;二是不煮泡,只放以干茶;三是不放茶,只置茶壶、茶盅作象征。但也有例外者，如明代徐献忠的《吴兴掌故录》中记载说："明太祖喜顾渚茶，定制岁贡止三十二斤，于清明前二日，县官亲诣采茶，进南京奉先殿焚香而已。"这里的祭茶采用的是焚烧的特殊形式，说明永乐迁都北京以后，宜兴、长兴除向北京进贡芽茶以外，还要在清明前二日，各贡几十斤茶叶供南京奉先殿祭祖焚化。今天的人们祭祀先人，以清茶一杯，亦可追思，正是从茶的祭祀传统中得来。

以茶为德。修身、养性、齐家、治国、平天下，是中国古代儒生的最初起点和最终目标，故以茶为德成为了茶礼的重要内容。晚唐时期的刘贞亮在前人总结的饮茶功能基础上提出了"茶德"之说，并列举出茶的"十德"，即散郁气、驱睡气、养生气、除病气、利礼仁、表敬意、尝滋味、养身体、可行道、可雅志。茶十德包含了茶叶对生理及精神方面的功效，其中"以茶利礼仁""以茶表敬意""以茶可行道""以茶可雅志"四条纯粹是谈茶的精神作用，是以儒家学说为其文化背景的。

以茶修身，意义不仅在养性，更在天下。故苏东坡在《叶嘉传》中，以拟人手法，把茶比作一位叫叶嘉的君子来赞美，说："嘉以布衣遇天子，爵彻侯，位八座，可谓荣矣。然其正色苦谏，竭力许国，不为身计，盖有以取之。"《叶嘉传》铺陈茶叶历史、性状、功能诸方面的内容,其中情节跌宕起伏,对话精彩,读来栩栩如生,使一位心怀天下的正人君子形象跃然纸上。

茶的这种人文精神甚至深深地感染了欧洲伟大的文学家。20世纪50年代初,苏联女诗人阿赫玛托娃应著名汉学家、苏联作协书记费德林之约,共同翻译中国伟大诗人屈原的《离骚》。费德林为她沏出一杯中国龙井茶,阿赫玛托娃目睹茶叶从干扁经过浸泡成为鲜绿的茶叶,说:"……的确,在中国的土壤上,在充足的阳光下培植出来的茶叶,甚至到了冰天雪地的莫斯科也能复活,重新散发出清香的味道。"阿赫玛托娃在第一次见到和品尝中国茶的瞬间,就深刻地感受到茶的生命。从春意盎然的枝头采下的最新鲜的绿叶,经受烈火的无情考验,失去舒展的身体和媚人的姿态,被封藏于深宫。这一切,都是为了某一天,当它们投入沸腾的生活时的"复活"。茶,是世间万物的复活之草!

儒家文化的教化精神实践、礼仪程式设置与内心道德诉求,自春秋至秦汉以后历史阶段的茶事中亦不断呈现。客来敬茶,以茶修身,以茶祭祀,展示了古时人们的政治理想、文学情怀、生命体验与茶之间的关系。以礼达仁,是儒家文化对茶道的最大贡献。

第三节
道家文化与茶

中国传统文化中的"道",就是宇宙间客观存在的自然规律。道是"真理"的中国式表达。"道"的出发点是哲学,而哲学的初衷是以宇宙的图景来作为其中心内容的,这个宇宙图景,在中国人的叙述中就是"天"。中国的儒释道精神,都涉及到了天,其中儒以人为本,究天人之变,社会性特别强;而释关注生命的轮回,以此岸与彼岸来折射天人关系,关注超度;恰恰是道家文化之"道",在人对"天"的认识上,最接近于关注宇宙的本质。"道"所追求的崇尚自然、返璞归真之精神世界,正是茶可以助人类实现的境界。

道家对生命的热爱,对永恒的追求,与茶相契,都深深地渗透在其自然观中,这可以从茶被神农发现的最初传说中显现出来。神农在道家神话中是以炎帝身份出现的,而一切神话、传说都深深印刻着人类实践与劳作的痕迹,从而成为人类文化的基因。所谓天人合一,实际上是说人本是自然的一部分,生存有其自然属性。道家爱生命、重人生、乐人世,以人的肉体在空间与时间上的永恒生存作为最高理想,故茶的养生药用功能与道家的吐故纳新、养气延年的思想相当契合。道家无比热爱生命，直接否定死亡，故中国民间素有"十道九医"之说。道与饮茶习俗形成的关系，深刻地影响了茶文化的发展。道教与茶结缘，以茶养生，以茶助修行。乐生养生，是道家文化对茶道的最大贡献。这一中国茶道的重要内容，正是在两晋间形成的。

第四节
佛教文化与茶

僧人嗜茶与其教义和修行方法有关。茶能清心、陶情、去杂、生精。茶具有"三德"：一是坐禅通夜不眠；二是满腹时能帮助消化，轻神气；三是"不发"，即能抑制人性原始欲望。而人们坐禅很注重五调，即调食、调睡眠、调身、调息、调心，所以饮茶非常符合佛教的生活方式和道德观念。

《晋书·艺术传》记载："敦煌人单道开，不畏寒暑，常服小石子，所服药有松、桂、蜜之气，所饮茶苏而已。"单道开是东晋时代的僧人，在临漳昭德寺坐禅修行，常服用有松、桂、蜜之气味的药丸，饮一种名曰"茶苏"的茶饮料。这是中国早期僧人饮茶的正式记载。

唐代佛教的兴盛，是已经孕育在中国文化子宫中的茶文化能够最终诞生的重要原因。佛教文化和茶文化的紧密结合，是唐代茶文化的主要特征。茶禅一味是佛教文化对茶道的最大贡献。

所谓的"茶禅一味"，是法语，是机锋，是禅意，是茶性与禅意相互渗透而形成的修心、养性、开慧、益思的意境与手段。茶与禅这两个分别独立的存在，通过悄然互渗合二为一，有着难以由逻辑推理到达的认识与把握，是一个容量很大、范围很广、内容丰富的文化境况。究其展现内容，大约有以下几点：

一是茶与农禅的相结合。唐代怀海禅师居百丈山，作《百丈清规》，确立茶在佛门的地位，为禅意的修炼建立牢固深远的物质基础。其中有对茶礼的规制，包括以茶敬佛的奠茶、化缘时的化茶、接待僧俗时的普茶，从此佛家茶礼正式出现。在"农禅"思想指导下，僧侣因地制宜，种植茶树与五谷，自食其力；寺院还用茶叶进行商品交换，使茶成为寺院经济的支柱。

二是茶与修行坐禅的相结合。禅宗浸染的中国思想文化，形成了以沉思默想为特征的参禅方式，以直觉感悟为特征的领悟方式，以凝练含蓄为特征的表达方式。茶与平常心相和，即"遇茶吃茶，遇饭吃饭"，平常自然，这是参禅的第一步，也是更高的境界。茶与佛教的开悟感悟相通达，并发生根本性的转变，往往以赵州禅师的"吃茶去"为例。赵州禅师三称"吃茶去",意在跳出寻常的生活逻辑,消除人的妄想,这是典型地以佛家机锋方式来开悟的茶禅一味。

三是茶事活动与禅宗仪礼相契。茶在禅门中的发展,由特殊功能到以茶敬客乃至形成一整套庄重严肃茶礼仪式,最后成为禅事活动中不可分割的一部分,最深层的原因当然在于观念的一致性。禅意不立文字,直指本心,要到达它,唯有通过别的途径。而茶的自然性质,正可作为通向禅的自然媒介。故而,茶助禅,禅助茶,逐渐形成佛门庄严肃穆的茶礼、茶宴。饮茶为禅寺制度之一,寺中设有"茶堂",相当于接待厅,是客来敬茶的地方。还要有"茶头",那是专管茶水的僧人。还有饮茶时间,茶头按时击"茶鼓"召集僧众敬茶、礼茶、饮茶。如此,喝茶成为和尚家风,日常生活天经地义的一部分。2022年,"中国传统制茶技艺及其相关风俗"被列入联合国教科文组织人类非物质文化遗产代表作名录,"径山茶宴"即其重要组成部分,正是因为其历史悠久,仪式完善的"茶禅佛礼"的呈现。

四是佛与茶的艺术化。佛教文化是我国古代文化的重要组成部分,茶在其中成为重要的审美对象。中唐时期,僧侣在寺院举行茶宴已很风行,吸引了各种来客,包括地位不高的官吏、官场

一片叶子落入水中

第七章　品茶中的人文教化

/ 南宋·刘松年《撵茶图》，描绘的是当时文人以茶会友的场景，画面中出现了僧人饮茶的场面

受挫的政客、不满现实的文人。他们谈经论道，品茗赋诗，以消除内心的积郁，求得精神的解脱。比如唐代大诗人白居易嗜茶，他的茶事诗多创作于遭贬江州司马之后。有着高深学养的高僧们写茶诗、吟茶词、作茶画，或与文人唱和茶事，丰富了茶文化的内容。故郑板桥在给扬州青莲斋书写对联时说："从来名士能评水，自古高僧爱斗茶。"

第五节
中和是完好呈现

茶有着不同的文化载体：儒家以茶规范礼仪道德，佛家以茶思维悟道，僧人饮茶助修，艺术家以茶兴诗作画，鉴赏家以茶赏心悦目。儒释道各家以自己的方式与茶进行文化结合，使人类精湛的思想与完美的艺术得以融合。我们可以说中国茶文化由中国传统文化基本精神形态构成，是儒道佛合流的产物，因此茶被誉为"国饮"，其核心为"中和"。

中国茶道中的中和，有融洽、调和、公正之意。中国茶道之所以具备中和精神，是有深刻的原因的。

在中华文明源头起始，茶就积淀其中，成为我们华夏民族文明的基因密码之一。人类与茶的第一次亲密接触，以茶为"救星"的方式开始，是茶对人类的完全无私的情感倾斜。因此人对茶的特殊的亲和关系，也是可以理解的了。这样一个茶对人的切入点，决定了以后数千年来茶能够作用于人类的和谐关系。

中国传统文化的本质是中和："中"就是恰如其分，平衡适当，恰到好处；"和"就是把"中"的精神完好谐调地体现出来。儒家学说，侧重于人与人、人与社会之间的和谐；道家文化，注重人与自然宇宙之间的和谐。佛教文化，注重人与自我、灵与肉之间的和谐；因此，中华民族是一个以中和为文明基调的民族，这也是数千年文明得以延续的原因之一。茶作为中和的饮料，使品饮其间的人们追求详和、幸福完满，因此，茶与人类和平，茶与社会和谐之间，构成了联系。

茶汤的滋味隽永清香，回味无穷，茶的亲和建立起了人与人之间关系的亲和，在此基础上形成了茶礼。茶礼在此既是精神内核，也是表现方式，所以客来敬茶成为中国人的普遍待客之道。"敬"字里包含着中和的姿态，是一个主动示好的动作。这个姿态的发扬光大，使其成为各个民族的美好习俗，并延伸为更丰富的内涵：以茶聘婚，象征家庭和睦；以茶祭祀，以表达对神灵先祖的敬仰；节日的茶话会，建立起了群体之中人与人之间的祥和。尤其是在天人合一的精神境界中，茶往往起到媒介作用。茶的这种品质，使茶在国与国的交往中，也起到了其独特的和平美好作用。茶有一种改良世界的气质，但全然没有推倒一切、骂倒一切、破坏一切的霸气和痞气。茶道也具备这一内涵和情怀。

中国茶道自诞生以来，走遍世界，深深地影响着全球许多国家与民族的情感与生活，并发展成为各国各民族的文化特征。在英国，茶被视为"健康之液，灵魂之饮"，从宫廷传到民间后形成了喝早茶、午后茶的时尚习俗；在法国人眼里，茶是"最温柔、最浪漫、最富有诗意的饮品"；在日本，茶不仅被视为是"万病之药"，是"原子时代的饮料"，而且发展升华为一种优雅的文化艺能——日本茶道。品饮茶，不仅带给人们身心审美的享受，最重要的是给人以深刻的心灵启迪。

第六节
日本茶道

日本茶道，是日本民族以茶事活动中的"四规七则"为精神内涵，融宗教、伦理、美学为一体，通过沏茶、饮茶的一整套方法，增进友谊，养心修德，学习礼法的一种独特仪式。它包含着艺术、哲学等方面的因素,已从单纯的趣味、娱乐,进而成为表现日本人日常生活文化的规范和理想,成为日本人欣赏美的意识。

所谓"四规"即和、敬、清、寂。"和"就是和睦,表现为主客之间的和睦;"敬"就是尊敬,表现为上下关系分明,有礼仪;"清"就是纯洁、清静,表现在茶室茶具的清洁、人心的清净;"寂"就是凝神、摒弃欲望,表现为茶室中的气氛恬静,茶人们表情庄重、凝神静气。所谓"七则"就是:茶要浓淡适宜;添炭煮茶要注意火候;茶水的温度要与季节相适应;插花要新鲜;主人参加茶会的时间要早些,比客人通常提前15到30分钟到达;不下雨也要准备雨具;要照顾好所有的顾客,包括客人的客人。

这种审美意识的产生有其社会历史原因和思想根源。日本茶道的思想与中国茶道的思想有着传承关系。南宋末期的1259年,日本南浦绍明禅师入宋,他来到中国江南余杭径山寺求学取经,学习了该寺院的茶宴仪程,将中国寺庙的禅茶规则引进日本,成为中国茶道在日本的最早传播者。

南宋日本僧人荣西留学浙江天台山万年寺,回国时带了大量的茶树种子,荣西还写出了日本的第一部茶书《吃茶养生记》。

书中引用佛教经典关于五脏——心、肝、脾、肺、肾的协调乃是生命之本的论点,指出同五脏对应的五味是酸、辣、甜、苦、咸。心乃五脏之核心,茶乃苦味之核心,而苦味又是诸味中的最上者。因此,心脏(精神)最宜苦味。心力旺盛,必将导致五脏六腑之谐调,时常饮茶,必将精力充沛,从而获致健康。荣西禅师在日本被尊为"茶祖",是日本茶道文化的开拓者。

中国余杭径山寺,是日本茶道的祖庭。在日本茶道中,天目茶碗占有非常重要的地位。从日本人喝茶之初到创立茶礼的东山时代,所用只限于天目茶碗。至今日本茶人尚把从径山寺传过去的宋代黑釉盏称为"天目碗",尊之为茶道的至宝。

室町时代,茶道从"唐风茶礼"变为具有"和风"的茶道。1442年,十九岁的村田珠光闻听一休宗纯在京都大德寺挂单,随之来到京都修禅拜一休为师,在参禅中将禅法的领悟融入饮茶之中,从佛偈中领悟出"佛法存于茶汤"的道理,开创了尊崇自然朴素的草庵茶风,开辟了茶禅一味的道路。继村田珠光之后另一位杰出的大茶人就是他的徒弟武野绍鸥,他把和歌理论引入了茶道,将日本文化中独特的素淡、典雅的风格再现于茶道,使日本茶道进一步民族化。

由此出现的"侘寂"是日本美学意识的组成部分,指在逝水

第七章 品茶中的人文教化

/ 荣西禅师画像

流年中寂静消失的斑驳状态和美感。"侘"在日本常用于表现茶道之美,其成为茶道理论大约出现在江户时代。人们称自村田珠光兴起的草庵茶,到千利休时期确立的"和、敬、清、寂"的日本茶道全系统为"侘び茶"。

在日本历史上真正把茶道和喝茶提高到艺术水平上的是日本战国时代的千利休,他是武野绍鸥的徒弟,将茶道从禅茶一体的宗教文化还原为淡泊寻常的本来面目。强调体味和"本心",以专心体会茶道的趣味。茶道的"四规七则"就是由他确定下来并沿用至今的。

千利休之后,日本茶道界出现了许多流派,在长期的发展过程中,逐步确立了一种近似于世袭制的掌门人制度,称为"家元制度"。

大致说来,日本的茶道是由三个部分组成的:第一部分是物质性的,包括茶室、茶庭园和茶会中所使用的一切器具;第二部分是精神性的,如茶会主人通过各色器具的搭配组合所营造的精神追求,以及茶道作为一种传统文化所积淀下来的与禅密切相关的一切哲学内涵等;第三部分则是介于物质与精神之间的具体的点茶和饮茶动作与流程。

千利休的一生,门下弟子无数,有武士,也有平民百姓,其中最为著名的七个大弟子，被世人称为"利休七哲"。发展至今的日本茶道，形成了一些著名的流派，比较著名的茶道流派大多和千利休有着深厚的关系，其中以"三千家"最为著名，分别为：

表千家：千家流派之一，始祖为千宗旦的第三子江岭宗左。其总堂茶室就是"不审庵"。表千家为贵族阶级服务，他们继承了千利休传下的茶室和茶庭，保持了正统闲寂茶的风格。

里千家：千家流派之一，始祖为千宗旦的小儿子仙叟宗室。里千家实行平民化，他们继承了千宗旦的隐居所"今日庵"。由于今日庵位于不审庵的内侧，所以不审庵被称为表千家，而今日庵则被称为里千家。

武者小路千家：千家流派之一，始祖为千宗旦的二儿子一翁宗守。其总堂茶室号称"官休庵"，该流派是"三千家"中最小的一派，以宗守的住地武者小路而命名。

第七节
韩国茶礼

4世纪至7世纪中叶，朝鲜半岛为高句丽、百济和新罗三国鼎立时代。此时正值中国南北朝和隋唐时期，中国与百济、新罗的往来比较频繁，经济和文化的交流关系也比较密切。新罗的使节大廉，在唐文宗太和后期将茶籽带回国内，种于智异山下的华岩寺周围，朝鲜的种茶历史由此开始。朝鲜《新罗本纪》记载说："入唐回使大廉，持茶种子来，王使植地理山。茶自善德王时有之，至于此盛焉。"7世纪时，饮茶之风已遍及韩国，在民间广为流行，韩国的茶文化由此也就成为韩国传统文化的一部分。

宋时，新罗人学习宋代的烹茶技艺，在参考汲取中国茶文化的同时，还建立了自己的一套茶礼，包括吉礼时敬茶、齿礼时敬茶、宾礼时敬茶、嘉礼时敬茶。其中宾礼时敬茶最为典型。高丽时代迎接使臣的宾礼仪式共有五种，迎接宋、辽、金、元的使臣时，在乾德殿阁里举行。国王在东朝南，使臣在西朝东接茶；有时，也会由国王亲自敬茶。

宋元时期，韩国曾全面学习中国茶文化，以韩国茶礼为中心，普遍流传中国宋元时期的点茶。元代中叶后，中国茶文化进一步为韩国理解并接受，众多茶房、茶店、茶食、茶席也更为时兴普及。20世纪80年代，韩国的茶文化又再度复兴、发展，并为此还专门成立了"韩国茶道大学院"，教授茶文化通过茶礼向人们宣传、传播茶文化，并引导社会大众消费茶叶。

韩国茶道宗旨为"和、敬、俭、真"。"和"是要求人们心地善良，和平共处，互相尊敬，互相帮助。"敬"是要有正确的礼仪，尊重别人，以礼待人。"俭"是俭朴廉正，提倡朴素的生活。"真"是要有真诚的心意，为人正派，人与人之间以诚相待。

韩国茶礼又称茶仪，是民众共同遵守的传统风俗。"茶礼"是指阴历的每月初一、十五及节日和祖先生日在白天举行的简单祭礼，也指像昼茶小盘果、夜茶小盘果一样来摆茶的活动，更有专家将茶礼解释为"贡人、贡神、贡佛的礼仪"。

早在1000多年前的新罗时期，朝廷的宗庙祭礼和佛教仪式中就运用了茶礼。创建双溪寺的真鉴国师的碑文中，就记载了有关茶的习俗，说如再次收到中国茶时，把茶放入石锅里，用薪烧火煮后饮，曰："吾不分其味就饮。"

高丽时期，朝鲜半岛已把茶礼贯彻于朝廷、官府、僧俗等阶层。最初盛行点茶法，就是把膏茶磨成茶末儿后把汤罐里烧开的水倒进茶碗，用茶匙或茶筅搅拌成乳状后饮用的办法。到高丽末期，有把茶叶泡在盛开水的茶罐里再饮的泡茶法。

在中国茶文化的影响下，韩国在高丽时期出现了一种名为"五行茶礼"的仪式。其以规模宏大、人数众多、内涵丰富，大大突破了韩国古代茶礼的传统模式,成为最高层次的茶礼。五行茶礼的核心宗旨就是向茶圣炎帝神农氏神位献茶奉礼。五行茶礼设置祭坛,在洁白的帐篷下,挂着只描绘有鲜艳花卉的屏风,正中挂着"茶圣炎帝神农氏神位"的条幅,屏风下面是1张铺着白布的长桌和3只小圆台,中间小圆台上放着1只青瓷茶碗。五行献茶礼是国家级别的进茶仪式,入场顺序严谨有序,在行礼中直接参加者可达数十人,甚为壮观。

韩国茶礼精神为"清、敬、和、乐",受中国儒家礼制思想影响甚大,在茶礼中引入了儒家的中庸思想,后草衣禅师以此为基础,创建了"中正"茶礼精神。草衣禅师15岁出家于大兴寺。他精通禅与教,24岁(1809年)师承朝鲜李朝学者丁若镛门下,研修儒学和诗道,52岁完成《东茶颂》,为朝鲜饮茶风俗的繁荣作出很大贡献。1822年,草衣禅师在全南道海南郡创建"一枝庵"茶室,在那里种茶、做茶、评茶、写茶、行茶礼,提出了"神体""健灵""中正""相和"的草衣茶思想,倡导"中正"茶礼精神。要求茶人在凡事上不可过度或不及,虚荣、性情暴躁或偏激都不符合"中正"精神。草衣禅师把做茶之事比喻为儒家伦理化的生命,即好茶、好水按适当比例冲泡好,然后就得"中道"。

高丽时期的佛教茶礼表现是禅宗茶礼,其规范是《敕修百丈

第七章 品茶中的人文教化

/ 韩国茶礼精神受中国儒家礼制思想影响甚大,图为韩国成人仪式上,女高中生集体身穿传统韩服行成人茶礼

清规》和《禅苑清规》。当时高丽的佛教有五宗,即法性宗、戒律宗、圆融宗、慈恩宗、始兴宗,再加上天台宗、禅宗,则共七宗。其主要茶礼内容有:后任主持起仪时举行尊茶、上茶和会茶仪式;寮元负责众寮的茶汤,水头负责烧开水;吃食法中记有

吃茶法。4月13日摆宴会上茶汤中,四节秉拂中有献茶,记有吃茶时的敲钟、点茶时的规矩和茶鼓的打鼓法。《禅苑清规》中有赴茶汤、茶会邀请书和为知事和头首的点茶、感谢请喝茶的记载。

  现代韩国茶礼一般有以下几个特点:迎宾,温茶具,沏茶,品茗,茶礼的整个过程,从环境、茶室陈设、书画、茶具造型与排列,到投茶、注茶、茶点、吃茶等均有严格的规范与程序,力求给人以清静、悠闲、高雅、文明之感。

第八章

柴米油盐酱醋茶

茶俗是风俗的一个支系，以茶事活动为中心贯穿人们的生活，并且在传统的基础上不断演变，成为人们文化生活的一部分。

元人杂剧中曾有这样的台词："教你当家不当家，及至当家乱如麻；早起开门七件事，柴米油盐酱醋茶。"从这日常生活中提炼出来的七件，成就了今天茶文化中俗文化的主要事象。全球各国的茶习俗数不胜数，但归纳起来可以分为以下几个大方面：一是茶饮习俗，二是婚姻茶俗，三是岁时茶俗。

第一节
中华民族茶饮习俗

"寒夜客来茶当酒，竹炉汤沸火初红"，宋人杜耒以这样的一种款款深情，传递了民俗中的待客之道。"客来敬茶"是中国人典型的茶习俗，表达了主人对客人的问候和敬意，体现了中国人重情好客的美德和传统礼节。56个民族对所敬之茶的泡制、饮法，在历史的传承中产生了多种方法和类型，但归纳起来，就茶饮的制作而言，大概不外乎以下几种。

一是与辛辣型佐料合饮。放上姜、葱、茱萸、苏桂、花椒、薄荷甚至酒等辛辣性佐料，把茶作为一种药物来饮用。李时珍的《本草纲目》中，列出了多种以茶和中草药配合而成的药方。如茶和茱萸、葱、姜一块煎服可以帮助消化，理气顺食；茶和醋一块煎服可以治中暑和痢疾；茶和芎䓖、葱一块煎服，可以治头痛。至今人们以茶、姜、红糖相煎治痢，并能消暑解酒食毒。云南有一种茶叫"龙虎斗"，把热茶与烫酒放在一起饮用，是专门用来治瘴气的。

二是与花香型佐料合饮。现代流行的茉莉花茶，仅是其中之一，古人往往把梅、兰、桂、菊、莲、茉莉、玫瑰、蔷薇之属杂入茗饮。花茶于宋代开始出现，茉莉花茶则为明人所制。花茶在清代得到充分发展，并进入商品市场；今天已扩散至全国各地，多为市民、知识阶层所饮用。

三是与食物型佐料合饮。宋代时，核桃、松子、芝麻等都可作为食物型的佐料。明代时，用的佐料就更多了，有核桃、榛子、杏仁、榄仁、菱米、粟子、鸡豆、银杏、新笋、莲肉等等。云南大理白族以"三道茶"闻名天下。若到白族人家做客，主人会架好火，煨上水壶，拿一小砂罐在火盆上预热，放入茶叶，快

/ 广西融水苗族自治县的苗寨，主人打油茶招待客人

速抖动。等茶叶呈微黄色，发出茶香后，冲入沸水，斟入茶盅。如此三番，"头道苦、二道甜、三回味"。有的地方，还在二道茶内放入核桃仁、红糖，三道茶内加蜂蜜和几粒花椒，喝起来别有一番异趣。

在吃茶中别具一格的是苗族的"打油茶"，油茶已接近茶食，就是事先把苞谷、黄豆、蚕豆、红薯片、麦粉团、芝麻和糯米花等分样炒熟，用清亮的菜油炸好，分放在钵里备用。客人来家，用茶锅烧好一锅滚茶。泡茶时，先在每碗里放一点上述油品；茶泡下去，再放一点盐、蒜、胡椒粉。这样，一碗清香扑鼻、又辣又脆的油茶就端到你面前来了。吃油茶，一端碗就得连喝四下，取"四季平安"之意。吃过第四碗，就要把碗叠放起来。否则，主人会以为你还没有喝够，要来泡第五碗。这样也就显得客人不太懂礼貌了。

这种与食物一起喝的茶类在汉族中也有，流传在江南的咸茶就是其中之一。咸茶以熏青豆为主，加上各种佐食，如芝麻、豆腐干、橘皮、蜜饯等，农闲时的妇女们常在一起品饮。

四是喝浓茶。浓茶虽味苦，但有消胀、提神作用，积久成习，成了一些山区广泛的茶俗。西南边陲的佤族人喜欢吃浓苦茶，煮茶时的器皿用一大砂罐，一般用粗制绿茶或自制大茶叶，煮一次放茶叶一两左右，放在火塘上像煮菜一样细煮慢熬，直到把茶叶煮透，有时茶水几乎浓得成了茶膏。它对气候炎热、远离山寨劳动的佤族人，具有神奇的提神解渴的功效。浓茶也多为西北及边疆人民喜爱。中国西北秦岭山区和甘肃、宁夏地区有一种"罐罐茶"，用特制的小砂罐在火边煨煮，使茶成黏状浓汁而饮用，以量少为佳。西北民歌"花儿"中就有这样的描述："十三省家什都找遍，找不上菊花碗了；清茶熬成牛血了，叶儿熬成个纸了；双手递茶你不要，哪嗒些难为你了？"这里叶儿也是指茶。

五是喝奶茶。中国边疆民族有着喝奶茶的悠久传统，藏族人，蒙古族人，都把奶茶当作主食而饮。蒙古族人在奶茶中放炒米和盐，形成特有的蒙古咸奶茶。他们认为，只有器、茶、奶、盐互相协调，才能制成咸香可宜、美味可口的咸奶茶来。在内蒙古，姑娘从懂事起，母亲就会向女儿传授煮茶技艺；当姑娘出嫁时，在新婚燕尔之际，便当着亲朋好友的面，显露煮茶的本领。

　　西藏世界屋脊上的藏族，是全世界人均饮茶最多的民族之一，藏族人民摸索出了独特的冲泡茶的方式，在茶中放酥油，发明了独特的酥油茶。正统的做法是：把煮好的浓茶滤去茶叶，倒入专门打酥油茶用的酥油茶桶，再加入酥油。茶桶是藏区群众家里常见的也是必备的一种生活工具，由筒桶和搅拌器两部分组成。筒桶用木板围成，上下口径相同，外面箍以铜皮，上下两端用铜做花边，显得精美大方。搅拌器则是在一块比桶口稍小的圆木板上凿 4 个小孔，再在上面安一根比桶稍高的木柄，搅拌时，液体和气体可以上下流动。在藏族妇女的日常生活中，打酥油茶是一项日常家务。藏族群众外出，带一个木碗，走到哪里的帐篷，就在哪里拿出碗来，随时随地都能够喝到酥油茶。21 世纪以来，在一些有条件的藏族群众家里，则更多的是使用电动搅拌器，这样做酥油茶，既方便快捷又干净卫生。

六是喝擂茶。中国南方某些省份的各民族之间，还流行着一种"喝擂茶"的习俗。擂茶的原料一般只用茶叶、大米、桔皮擂制，讲究的还放入适量的中药茵陈、甘草、川芎、肉桂等，喝起来特别香甜。炎夏时饮用，更具有清凉解暑功效。在喝擂茶的同时，还备有佐茶的食品，如花生、瓜子、炒黄豆、爆米花、笋干、南瓜干、咸菜等，具有浓厚的乡土气息。敬茶时，擂茶碗内溢出的阵阵酥香、甘香、茶香扑鼻而来，是待客的佳品。

七是打茶会。中国江南一带则有"打茶会"的待客习俗，也叫喝姑嫂茶。年轻的嫂嫂、年长的婆婆每年在本地村坊里，要相互请喝茶3～5次。一般，事先约好到哪家。主人在约好的那天下午，就劈好柴，洗净茶碗和专煮茶水的茶罐，在家等候着姐妹们的到来。客人一到，主人就拿出她珍藏在家中石灰缸、甏、罐的细嫩芽茶，撮上一撮放在茶碗里，并加入各色佐料，再冲入沸水，用双手一碗碗地端到客人面前的桌上。人们对着花花绿绿的茶汤，边品茶边拉家常。她们之中，有的拖儿带女，有的手拉孙儿孙女，有的边做针线边品茶叶，谈笑风生，热闹非凡。

第二节
各主要饮茶国习俗

中国的饮茶习俗流布世界之后，与各国各民族的习俗相结合，使各国各民族形成了自己的独特风貌，除日本茶道、韩国茶礼已做诠释之外，在此选择各大洲一些具有代表性的国家茶俗专门介绍。

一　摩洛哥茶俗

摩洛哥人对茶可谓情有独钟。宁可一日无肉，不可一日无茶。全国3000万人口，每年喝掉约6万吨中国绿茶，人均2公斤。19世纪以前，茶叶还只是摩洛哥富裕家庭的奢侈品。之后，茶香广散，越过高山沙漠，飘入千家万户。如今，茶叶如同面包、橄榄一样，已成为摩洛哥家庭的生活必需品。一日三餐，餐前饭后，摩洛哥人都得喝上几杯茶，才算茶足饭饱、心满意足。品茶是他们日常生活中须臾不可分割的重要内容。行走在摩洛哥，无论在看海的露台、喧闹的街道、山谷的农舍还是沙漠的帐篷，都能闻到茶香。

摩洛哥人喝茶的方式与中国人大相径庭。他们绝非泡茶喝，

/ 摩洛哥马拉喀什的薄荷茶茶摊

而是粗豪地将茶叶与方糖一起放进沸水，煮上三五分钟，然后倒入茶壶，再搁上几片薄荷叶。流经长长的壶嘴，"浑厚"的茶水落在镶边的玻璃杯中，浓香四溢。一杯入口，沁人心脾。如此之茶得美誉曰"柏柏尔威士忌"，学名"薄荷茶"。

煮薄荷茶也是一门学问。茶叶的醇香、方糖的甜蜜、薄荷的清凉，缺一不可。去摩洛哥人家做客，煮茶的往往是家庭的长者。茶叶、方糖和薄荷的比例得心中有数，煮茶的火候得拿捏好，煮茶的水最好是泉水或井水。煮茶一般用镀银铜壶，漂亮的银器是他们最向往的茶具，盛茶用的是镀银锡壶，喝茶用的是铜镶口的玻璃纹杯，搁杯子的是精雕细琢的铜质托盘。所有的器皿都带传统纹饰，异常精美，以至于茶具被列入了摩洛哥的国礼，进入摩洛哥国家茶文化博物馆的殿堂。

二　巴基斯坦茶俗

巴基斯坦位于南亚次大陆的印度河流域，基本上属于亚热带草原和沙漠气候，年平均降水量不到300毫米，干燥炎热，居民多食牛羊肉和乳品。饮茶可以除腻消食，消暑解渴，提神明目，利尿解毒。巴基斯坦约97%的居民信仰伊斯兰教，而教规严格要求戒酒，但可以饮茶。由于这两个方面的原因，致使巴基斯坦全国形成了饮茶的风习。巴基斯坦原为英属印度的一部分，因此饮茶带有英国色彩，大多习惯于饮红茶，普遍爱好的是牛奶红茶。主妇每天第一件事就是点火煮茶，而后，全家人在一起饮茶。一般早、中、晚饭后各饮一次，有的甚至达到一日饮5次。大多采用茶炊烹煮法，即先将开水壶中的水煮沸，而后放上红茶，再烹煮3～5分钟，随即用过滤器滤去茶渣，然后将茶汤注入茶杯，再加上牛奶和糖调匀即饮。另外，也有少数不加牛奶而代之以柠檬片的，又叫柠檬红茶。在巴基斯坦的西北高地以及靠近阿富汗边境的牧民，也有爱饮绿茶的。饮绿茶时多配以白糖并

/ 巴基斯坦佩什瓦尔,一名男子在一家餐馆准备茶水

加几粒小豆蔻,以增加清凉味。

　　巴基斯坦人待客习惯用牛奶红茶,还伴有夹心饼干、蛋糕等点心,大有中国广州早茶"一盅两件"之风味。人们上班后的第一件事也是要喝上一杯红茶。在一些大型的企业,还专门有人为职工煮茶和送茶,饭店、冷饮店也都有茶水供应。就是在农村田间里劳动,休息时间中也要饮上几杯茶,以驱除疲劳,恢复精神。茶已经成为巴基斯坦人日常生活中不可缺少的重要饮料。巴基斯坦是南亚人均茶叶消费量最高的国家之一,平均每个巴基斯坦人年茶叶消费量大约为1千克。巴基斯坦以前并不产茶,必须

花巨资进口国外的茶叶，现在他们开始广泛种茶了。在中国的茶人帮助下，他们建起了第一座现代化茶园。

巴基斯坦人不仅爱好茶叶，而且对茶具也颇有研究，每家都有一套完整的茶具，一般有开水壶、茶壶、茶杯、茶托、过滤器、糖杯、奶杯和茶盘等。茶壶通常用铝制成，呈椭圆形，上小下大。瓷制茶杯有托无盖，杯面有本民族特色的蓝色花纹。过滤器呈船形。糖杯、奶杯和茶盘也是用铝制成的。

三　印度茶俗

尽管印度的茶叶种植面积很大，是世界第二茶叶生产大国，但印度人并没有喝茶的历史，他们喝水或者喝煮牛奶。尽管印度茶叶组织做过很多努力，但从前的印度人就是不接受茶叶。这一局面的改变来自一战和二战。一战时期，印度工厂是欧洲战场的大后方，为军队提供军需。茶叶委员会和工厂方面一拍即合，为工人在休息期间提供热茶。久而久之，饮茶代表着休息、交友等轻松愉悦的体验。这些工人再将饮茶的习惯带到各自的家庭，使饮茶得到了一定范围的普及。二战时期，印度参战。印度茶叶委员会让茶车与军队一同上战场。军队停战驻扎时，茶车既提供热茶，播放印度音乐，也是临时的邮局。饮茶成为军人的一种物质享受和精神寄托。20世纪40年代末，英国人结束了在印度的殖民统治，英国人的饮茶之风却席卷印度。所以，现在的印度既是茶叶生产大国，又是茶叶消费大国。

作为英国曾经的殖民地，印度的饮茶风俗受英国饮茶风俗潜移默化的影响，以喝调饮红茶为主，清茶为辅。最大众的调饮茶是牛奶红茶，这一点与英国人的喜好相合；而印度人喝的清茶，则以品质较高的大吉岭红茶为主，只有少数人清饮绿茶。

印度本民族文化不知不觉地渗入饮茶风情中，两者融合产生了独特的文化反应，从而形成了独一无二的印度饮茶风情，也就是喜欢在红奶茶里加入各色香料。最受欢迎的香料是豆蔻，还有生姜、丁香、肉桂、茴香等。放多少香料，如何放香料，不同的家庭有不同的制作配方。这种茶因为制作方式千变万化，统称为印度香料茶，又称"马萨拉茶"，滋味醇厚，香气辛辣，风味独特。也有部分地区特立独行，以绿茶替代红茶，并在绿茶中加入杏仁；有在绿茶里加盐的，如博帕尔等中部城市。北部饮用的奶茶叫"煮茶"，制作工序十分简单，只需在小铝锅中倒入牛奶，置于煤油炉上加热，待牛奶沸腾后加入红茶，再以小火慢熬几分钟，最后加糖、过滤、装杯即可。

拉茶是印度最有特色的茶饮。茶贩们提着装满拉茶的茶壶，用四溢的茶香吸引着往来的行人。之所以叫拉茶，是因为此道茶在饮用之前要先倒出两杯，两手各执一杯，反复倒进倒出，每次都在空中"拉"出一条弧线。印度人相信这种制茶方式不仅可以让牛奶的味道完全渗入茶中，还可以让牛奶和茶叶的香味在拉茶过程中完全释放出来。制作拉茶时，先将大锅中的水烧热，然后加入红茶和姜煮沸，再加入牛奶，再次沸腾后加入咖喱酱，煮好后将拉茶装入一个带龙头的大铜壶中。壶面上通常画着象征主神湿婆的一只竖眼和三道杠，也有的铜壶上会挂着鲜艳的茉莉花串。拉茶的制作过程充满了艺术欣赏价值，无论是红奶茶还是香料茶，必须配以全脂牛奶。拉茶倾倒的过程至少持续7次，这样才能使食材完美融合，口感更顺滑绵密。喝拉茶的时候可以配上茶点。点心有许多种，多以油炸食品为主，比如包着辣土豆和豌豆油炸的萨莫萨三角炸饺；用大米或扁豆粉做的脆脆的姆鲁谷饼；用白面包夹着黄瓜、洋葱，加玛莎拉粉或者番茄酱的小三明治；类似奥利奥，可以泡着吃的长方形甜味饼干；等等。

四 土耳其茶俗

土耳其是世界五大茶叶种植国之一，产量约占世界茶叶的6%至10%，其中大部分是在土耳其国内消费的。土耳其的茶叶种植区沿着该国的黑海北部海岸线从格鲁吉亚边境延伸到西部的里泽市。在土耳其，茶是从早餐开始一整天都在消费，并一直持续到睡觉时间的必需品。人们一起喝茶是展示友谊的一种方式。

土耳其茶人早晨起床，用餐前，先得喝杯茶。煮茶时，使用一大一小两把铜茶壶，待大茶壶中的水煮沸后，冲入放有茶叶的小茶壶中，浸泡 3～5 分钟，将小茶壶中的浓茶按个人的需求倒入杯中。最后再将大茶壶中的沸水冲入杯中，加上一些白糖。土耳其人煮茶讲究调制功夫，认为只有色泽红艳透明、香气扑鼻、滋味甘醇的茶才恰到好处。

土耳其法律要求工作场所允许在工作日内至少休息两次茶歇时间，下午茶时间通常在下午 3 点到 5 点之间，期间将供应茶和美味的甜品如咸味饼干和蛋糕等，但喝茶不仅限于这几个小时。在土耳其，向陌生人或客人提供一杯茶是很常见的，通常不会被拒绝。

大多数城镇和村庄经常出现名为 Cay Bahcesi 的土耳其茶园。朋友和家人聚集在这里讨论他们的生活，享受彼此的陪伴，同时慢慢喝着茶。虽然每个人都去茶园，但通常不会在土耳其茶馆里发现女人，这里是男性的天地。每个村庄都有一个茶馆，因为它和当地市场一样重要。男人聚集在桌子周围玩棋盘游戏几个小时，同时啜饮各种茶。在土耳其最受欢迎的茶是政府拥有的Caykur品牌。2018年时，该公司拥有16500名员工，每天生产超过6600吨茶。

要制作土耳其茶，需要一个土耳其语名叫Caydanlik的茶器。这是两个堆叠在一起的壶，水放在底下壶中，而茶叶和一点水放在顶壶中。当底壶煮沸时，水就与顶壶中的茶叶混合了。

五　伊朗茶俗

伊朗种茶的历史并不长，19世纪末才有茶树栽种。20世纪50年代，伊朗里海南岸陆续出现茶园，多为家庭经营的分散茶园。伊朗人非常喜爱喝茶，其中一个非常重要的宗教原因是伊朗作为政教合一的伊斯兰教国家是禁酒的，于是人们选择以茶代酒，这一特殊的国情造就了伊朗人饮茶的特点。许多伊朗人每天喝茶的次数也多得惊人，一天十五六杯茶是最起码的。

第八章 柴米油盐酱醋茶

/ 在伊朗希拉兹的花园茶馆

伊朗人喜爱红茶，品茗方法既非清饮也非调饮，而是别致的"含糖吸茗"。红茶端上后，先拿块方糖含在口中，而后吸茶。糖块溶化的快慢决定茶水的甜度，用这种饮茶方式，可以根据自己的口味调节茶水的甜、涩、香等各种口味。

伊朗人品茗对茶的器具也有讲究。茶杯是玻璃杯，且玻璃杯通常是红色的，这样杯色与汤色相映成趣，艳丽别致。伊朗人在饮茶时通常配一把水烟壶。水烟是一种相对卷烟、旱烟环保的烟，许多有害气体会被水过滤掉，口感也会好些。边品茶边抽水烟，再欣赏着大自然的风景，别有一番悠然自得的雅趣。

伊朗是个历史悠久的文明古国，当地可以看到很多具有传统文化色彩又风格各异的茶馆，其中尤以庭院品茶为最，这种茶馆叫花园茶馆，里面种着树木、花草，有的还设有中央喷泉。夏时生意红火，人们边喝茶边乘凉。泡茶的在室内，喝茶的在室外。甚至还有很多茶室是由浴室改装来的：大堂中间是一方清泉，周围分出若干区域，每个小区自成体系，形成相互独立的小包间。这些建筑风格一般都沿袭古式，有着看不尽的雕梁画栋，保留着传统的风俗习惯，其饮茶器具、内外装饰、服务员服装等都还原历史，坐在其中品茶就好像回到了波斯古文明时代。

六　英国茶俗

17 世纪中期，英国开始喝茶。上流社会精美的瓷器茶具，银汤匙，糖夹，茶壶，以及手工雕刻的桌子，特别是优雅礼仪的窈窕淑女——从维多利亚时代开始一直延续至今，从中衍生出英式下午茶的仪式。

从 19 世纪一直到现在，英国人一天中最重要的喝茶时间，是午餐及晚餐之间的下午茶。因晚餐在晚上 7 点至 8 点半进行，长长的下午如何填补腹中饥饿是个问题。安娜·玛丽亚也就是贝德福德公爵夫人起念，邀请她的朋友们在她的起居室，加入她的下午茶会。一种崭新的社交方式就此诞生。

英国上流社会立刻开始追随这种时尚，开始在任何一种场合中举办茶宴（tea party）——有在花园里喝的茶、在家里享用的茶、网球茶、槌球茶、野餐茶等，不一而足。喝茶的时候所吃的点心，大多是一小片面包和奶油，而后品类逐渐丰富，有面包、土司、松饼、茶叶蛋糕、煎饼，以及其他面包类的点心。

下午茶分 low Tea 和 high Tea，仅一词之差却截然不同。low tea 特指在起居室矮桌上享用的下午茶，而 high tea 则表示该下午茶是在饭厅高桌上享用的。此外，low tea 可一点都不"low"，它是上流社会在下午 4 点享用的下午茶，极为讲究。例如，茶壶得是纯银的，糖块需由镊子取用。主食除架上的精美蛋糕外，还有小块的三明治、司康饼等甜点和水果。由于这些茶点基本只用3只手指取用，因此，精致的洗手碗也是必备的。相对而言，high tea也并没有那么"high"，它反倒盛行于普通大众。作为餐前小食的high tea（meat tea）需要像正餐那样包括肉类、土豆、面包、馅饼、奶酪、蔬菜……当然，还有茶，通常是在下午4点后食用。

下午茶一向来讲究"先满足你的眼睛，再满足你的胃"，所以无论是茶具的挑选还是点心的摆放都堪称艺术。按照传统，英式下午茶的点心会装在三层的盘子里呈上。最下面的一层照例要放细长的手指三明治，馅料有黄瓜、乳酪、苏格兰烟熏三文鱼与切碎的白煮鸡蛋。第二层放英式司康饼，搭配奶油和果酱一起食用。最上层则是甜食，这里的内容就为店家提供了更自由的发挥空间。传统的店铺一般会放水果挞、泡芙等英式甜点，而新派一点的则会放马卡龙、意式奶冻、蛋奶霜等欧陆甜食，甚至纸杯蛋糕。在异域风情浓厚一些的店里，还可能出现日式、印式等甜品。不过，下两层的规矩是绝不能打破的，食物摆放的规矩决定了吃下午茶的一般礼仪，那就是食用顺序要遵照由淡而重、由咸而甜的方式，先吃最下面的三明治开胃，再慢慢切开司康，抹上奶油果酱细细品尝，并佐以红茶解腻，最后才将甜腻厚实的甜品入口，享受味蕾的极致体验。如果嫌三层盘子的点心太多，可选择另一种英式简茶——奶油茶（cream tea），特指只包括茶和司康饼的餐点。现在许多地方还提供香槟下午茶：先喝香槟，用它干爽的口感搭配咸食，然后再用茶搭配后面的甜食。

下午茶单上这四种茶几乎必备：早餐茶（breakfast tea）、伯爵茶（Earl Grey）、大吉岭（Darjeeling）、阿萨姆（Assam）。前两种并不是茶的品种，而是混合的调制茶（blend tea）。英国茶的拼配讲究的是滋味互补，早餐茶由阿萨姆、锡兰和肯尼亚三种茶叶拼调而成，其中阿萨姆味道重但是缺少香气，而锡兰茶滋味不够厚重，将这两种茶拼在一起就可以弥补双方的不足，再加上肯尼亚茶调味，就成就了这一香味浓郁口味也厚重的经典茶款。英国人喜欢在早餐的时候喝它以提神醒脑，在喝的时候一般都要加糖和奶。伯爵茶则和中国颇有渊源，据说来源于一位清朝官员给格雷伯爵的赠礼。它的基底茶正是中国武夷山的正山小种，里面添加了佛手柑，茶叶非常有层次，茶香中透露出佛手柑的清冽，越品越香。

七　俄罗斯茶俗

俄罗斯人喝茶，则伴以大盘小碟的蛋糕、烤饼、馅饼、甜面包、饼干、糖块、果酱、蜂蜜等茶点。从功能上看，俄罗斯人常常将喝茶作为三餐外的垫补或直接替代了三餐中的某一餐。俄罗斯人把饮茶当成一种交际方式，借饮茶加强人与人的沟通。独自饮茶，则可以给自己一个沉思默想的机会。俄罗斯人酷爱浓浓的酽红茶，习惯于在茶里加糖、柠檬片，有时也加牛奶。茶和糖往往密不可分，或是把糖放入茶水里，用勺搅拌后喝；或是将糖咬下一小块含在嘴里再喝茶。在俄罗斯的乡村，人们喜欢把茶水倒进小茶碟，而不是倒入茶碗或茶杯，而后手掌平放，托着茶碟，用茶勺将一口蜜送进嘴里后含着，接着将嘴贴着茶碟边，带着响声一口一口地吮茶，这种喝茶的方式在俄语中叫"用茶碟喝茶"。有时人们会用自制果酱代替蜜，喝法与上述伴蜜茶一样。在18到19世纪的乡村，这种饮茶方式是人们比较推崇的。

对俄罗斯人而言，喝茶时若无"茶炊"便不能算饮茶。茶炊音译"萨马瓦尔"。在民间，人们还把它亲切地称作"金子般的伊万·伊万诺维奇"，以表示对茶炊的

/ 康斯坦丁·马科夫斯基的作品《喝茶》，画面中的少女正在用小茶碟喝茶

钟爱和尊崇。从皇室贵族到草民，茶炊是每个家庭必不可少的器皿，同时常常也是人们外出旅行郊游携带之物。当亲人朋友欢聚一堂时，当熟人或路人突然造访时；清晨早餐时，傍晚蒸浴后；炎炎夏日农忙季节的田头，大雪纷飞人马攒动的驿站；在幸福快乐欲与人分享时，在失落悲伤需要慰藉时；在平平常常的日子，在全民喜庆的佳节……俄罗斯人喜爱摆上茶炊喝茶。在不少俄罗斯人家中有两个茶炊，一个在平常日子里用，另一个只在逢年过节的时候才启用，后者一般放在客厅一角处专门用来搁置茶炊的小桌上。还有些人家专门辟出一间茶室，茶室中的主角非茶炊莫属。茶炊通常为铜制的，为了保持铜制品的光泽，在用完后主人会给茶炊罩上专门用丝绒布缝制的套或蒙上罩布。

八　美国茶俗

美国人饮茶的习惯是由欧洲移民带去的，饮茶方法也与欧洲大体相仿，但美国饮茶的人没有欧洲人多。美国饮茶的方式有清饮与调饮两种，大多喜欢在茶内加入柠檬、糖及冰块等。不过，美国毕竟是个相当年轻的国家，所以饮茶没有欧洲那么讲究。加之美国人生活节奏很快，喜欢方便快捷的饮茶方式，故以冰茶、速溶茶、罐装茶水为主。

美国地处北美洲中部,当地饮茶在 18 世纪以中国武夷岩茶为主,19 世纪以中国绿茶为主,20 世纪起以红茶为主;80 年代以来,绿茶销售又开始回升。然而,作为热饮料的茶,在美国却变成冷饮冰茶。无论是茶的沸水冲泡汁,还是速溶茶的冷水溶解液,直至罐装茶水,他们饮用时多数习惯于在茶汤中投入冰块,或者在饮用前将热茶预先置于冰柜中冷却为冰茶。

冰茶之所以受到美国人的欢迎,是因为冰茶顺应了其快节奏的生活方式,人们不愿花时间用热泡的方式喝茶。而喝冰茶时,消费者还可结合自己的口味,添加糖、柠檬或其他果汁等。如此饮茶,既有茶的醇味,又有果的清香。尤其是在盛夏,饮之满口生津,暑气顿消。冰茶作为运动饮料,也受到美国人的青睐。它可取代汽水,既能解渴,又有益于运动员恢复精力——人体在紧张劳累的体力活动之后,喝上一杯冰茶,会有清凉舒适之感,并且使精神为之一振。

美国人也喝鸡尾茶酒,特别是在风景秀丽的夏威夷,普遍有喝鸡尾茶酒的习惯。鸡尾茶酒的制法并不复杂,即在鸡尾酒中,根据个人的需要,加入一定比例的红茶汁,就成了鸡尾茶酒。只是这对红茶质量的要求较高,茶必须是汤色浓艳、刺激味强、滋味鲜爽的高级红茶。美国人认为用这种茶汁制成的鸡尾茶酒,味更醇，香更高，能提神，可醒脑，因而十分喜爱。

九　其他一些国家的吃茶习俗

亚洲是世界上面积最大的大洲，也是世界上跨纬度最广、东西距离最长，人口最多的一个洲。而不同的地域，不一样的文化，却都被茶所吸引，现选择几个有代表性的国家茶俗分别介绍。

新马肉骨茶：肉骨茶是新加坡和马来西亚人的吃茶特色。之所以称之为吃茶，是因为他们一边吃肉骨，一边喝茶，饮食合一，当饭吃。肉骨多选用新鲜带瘦肉的排骨，也有用猪蹄、牛肉或鸡肉的。烧制时，肉骨先用佐料进行烹调，文火炖熟，有的还会放上党参、枸杞、熟地等滋补名贵药材，使肉骨变得更加清香味美，而且能补气生血，富有营养。吃肉骨茶时，有一条不成文的规定，就是人们在吃肉骨时，必须饮茶。茶叶多选自福建产的乌龙茶，如大红袍、铁观音等。肉骨茶是一种大众化的食品，肉骨茶的配料也应运而生，在新加坡、马来西亚，以及中国的香港特别行政区等地的一些超市内，都可买到适合自己口味的肉骨茶配料。

泰国腌茶：泰国北部地区与中国云南相近，这里的人们有喜

/ 肉骨茶是新加坡和马来西亚人的吃茶特色

欢吃腌茶的风俗，其制作方法与中国云南少数民族的腌茶一样，通常在雨季腌制。腌茶其实是一道菜，吃时将它和香料拌和后，放进嘴里细嚼。又因这里气候炎热，空气潮湿，此时吃腌茶，又香又凉，所以，腌茶成了当地世代相传的一道家常菜。

印尼冰茶：在一日三餐中，印度尼西亚人民认为午餐比早、晚餐更重要，因此午餐的品种花样也比较多。但他们有个习惯，不管春夏秋冬，吃完午餐以后，不是喝热茶，而是要喝一碗冰冷的凉茶。凉茶，又称冰茶，通常用红茶冲泡而成，再加入一些糖和佐料，随即放入冰箱，随时取饮。

越南玳玳花茶：越南毗邻中国广西，饮茶风俗与中国广西相仿。此外，他们还喜欢饮一种玳玳花茶。玳玳花（蕾）洁白馨香，越南人喜欢把玳玳花晒干后，放上3～5朵，和茶叶一起冲泡饮用。由于这种茶是由玳玳花和茶两者相融的，故名玳玳花茶。玳玳花茶有止痛、去痰、解毒等功效。一经冲泡后，绿中透出点点白的花蕾，煞是好看，喝起来又芳香可口。如此饮茶，饶有情趣。

第三节
中国各民族婚姻茶俗

在中国，茶与婚俗有着特殊的不可分割的关系，中国各民族都在缔婚中应用、吸收了茶或茶文化作为礼仪的一部分。旧时男娶女嫁时，茶在其中扮演重要角色，在明清的文艺作品中也有反映，如《红楼梦》书中，王熙凤送给林黛玉茶后，诙谐地说："你既吃了我们家的茶，怎么还不给我们家做媳妇。"明汤显祖《牡丹亭·硬拷》说："我女已亡故三年，不说到纳彩下茶，便是指腹裁襟，一些没有。"清孔尚任的《桃花扇·媚座》中则写道："花花彩轿门前，不少欠分毫茶礼。"

以茶缔婚是有其内在缘由的。中国古代认为茶树不宜移栽,故大多采用茶籽直接播种。"不宜移栽"逐渐被诠释为"不可移植",最后又演变成"从一而终"。由于茶性不二移,开花时籽尚在,被称为"母子见面",也表示忠贞不移,这使茶获得象征意义,代表了人们对婚姻的美好祝福。明人郎瑛在《七修类稿》中说明:"种茶下子,不可移植,移植则不复生也,故女子受聘,谓之吃茶。又聘以茶为礼者,见其从一之义。"从中可以看到当时彩礼中的茶叶,已非像米、酒一样,只是作为一种日常生活用品列选,而是赋予了封建婚姻中的"从一"意义,从而作为整个缔婚过程中的象征而存在了。以往中国农村习俗,往往把订婚、结婚称为"受茶""吃茶",把订婚的定金称为"茶金",把彩礼称为"茶礼"等。

俗称"女子受聘",谓之"吃茶",茶在中国古代婚礼中作为重要的彩礼,这极有可能是宋以后的事情。宋朝是我国理学最兴盛的时期。要求妇女嫁夫"从一而终",很可能是由理学家们倡导的,随之产生了这种以茶为媒的习俗。

婚姻茶俗可以细分为以下几种。

一为订婚茶:订婚也叫订亲、定亲、送定、小聘、送酒和过茶等。旧时订婚是确定婚姻关系的重要仪式,只有经过这一阶段，婚约才算成立。中国各地订婚的仪式相差很大，但有一点却是共同的，即男方都要向女家送一定的礼品，以把亲事定下来。清代阮葵生《茶余客话》记载，淮南一带人家，男方下给女方聘礼，"珍币之下，必衬以茶，更以瓶茶分赠戚友"。清人福格《听雨丛谈》载说："今婚礼行聘，以茶叶为币，满汉之俗皆然，且非正室不用。"可见这是很普遍而且很严肃的礼仪。

天津一带的乡村青年男女订婚时，礼品中除首饰、衣料、酒与食品之外，茶是不可少的。所以，旧时问姑娘是否订婚，也称是否"受茶"。女方收到男方的彩礼以后，随即也要送嫁妆和陪奁。经过这些程序以后，才算完聘。女方的嫁妆也随家庭经济条件而有多寡，但茶叶罐和梳妆盒是必须有的。浙江西部地区把说亲叫"走媒"。媒人说合，倘女方应允，则泡茶、煮蛋招待，俗称"食茶"。嘉兴一带，由媒人将男方的礼品送往女方，女方受礼，称"受茶"，就不可再另许他人。湖北黄陂、孝感一带的"行茶"很有特点，当男方备礼通知女方，决定缔结婚姻时，在备办的各样礼品中，必须有茶和盐。因茶产于山，盐出于海，故名之曰"山茗海沙"，谐"山盟海誓"之音。

云南西北纳西族称订婚为"送酒"，送酒时除送一罐酒外，还要送茶二筒、糖四盒或六盒、米二升。云南白族的订婚礼物中少不了茶，如大理洱海边白族"送八字"的仪式中，男方送给女方的礼物中就有茶。而甘肃东乡族人订婚前，男方需请媒人到女方说亲。女方应允后，男方送给女方一件衣料、几包细茶，即算订了亲，故称"定茶"。蒙古族订婚，说亲都要带茶叶表示爱情珍贵。回族、满族、哈萨克族订婚时，男方给女方的礼品都是茶叶。回族称定婚为"定茶""吃喜茶"，满族称"下大茶"。

二为婚礼茶：婚礼茶即迎亲或结婚仪式中所用之茶，其中有作为礼物的，但主要用于新郎、新娘的"交杯茶""和合茶"，或向父母尊长敬献的"谢恩茶""认亲茶"等。所以，有的地方也直接称结婚为"吃茶"。

中国各民族之中的婚礼用茶各有风习。云南大理的白族结婚时，在新娘过门以后第二天，新郎、新娘早晨起来以后，要先向亲戚长辈敬茶、敬酒，接着是拜父母、祖宗，然后夫妻共吃团圆饭，至此再撤棚宣告婚礼结束。洱源白族结婚，一般在头天迎亲，第二天正式招待客人，第三天新娘拜客，新婚夫妇向客人敬茶也是在第三天。在见客时，男方还要分别向新娘及其父母、兄弟送礼。送给新娘的礼物，主要是成亲当天新娘穿戴用的服饰；送给新娘父母的有布两件，其他主要是猪肉、羊肉和酒茶一类女方谢客用的食品；送给新娘弟弟的礼物为"酒半壶，茶叶二两，

一片叶子落入水中

/ 白族三道茶常在逢年过节、男婚女嫁之时用于招待宾客,于2014年入选国家级非物质文化遗产代表性项目名录

猪肉一方"。

宁蒗地区的普米族还残留有古老的"抢婚"风俗。男女双方先私下商定婚期，届时仍叫姑娘外出劳动，男方派人偷偷接近姑娘，然后突然把姑娘"抢"走，边跑边高声大喊："某某人家请你们去吃茶！"女方亲友闻声便迅速追上、"夺回"姑娘，然后在家正式举行出嫁仪式。

甘肃的裕固族人在结婚第一天把新娘接进专设的小帐房，由女方亲友伴新娘同宿一夜。第二天早晨吃过酥油炒面茶，再举行新娘进大帐房仪式。新娘进入大帐房时，要先向设在正房的佛龛敬献哈达，向婆婆敬酥油茶。进房仪式结束后，就转入欢庆和宴饮活动，其中最具特色的是向新郎赠送羊小腿的礼俗。宴饮时，还有歌手唱歌助兴。仪式开始后，由二位歌手，一位手举带一撮毛的羊小腿，一位端一碗茶，茶碗中间放一大块酥油和四块小酥油——茶代表大海，大块酥油代表高山——然后说唱起大家喜爱的本民族婚庆民歌。第二天，新娘到厨房点燃灶火，叫"生新火"。新娘要用新锅熬一锅新茶，谓之"烧新茶"。由新郎请来全家老小，一一向新娘介绍。新娘则为全家人舀酥油茶，每人一碗；若为怀中婴儿，则由新娘喂一小块酥油，以示新娘善良贤惠。

青海地区的撒拉族，在迎娶新娘途经各个村庄时，这些村庄中曾与新娘同村而已出嫁的妇女们，会端出熬好的茯茶，盛情招待新娘及送亲者，表示对新娘的热情迎送，称"敬新茶"。行至靠近男方的最后一个村庄时，该村的女乡亲除了敬新茶外，还要把男方迎亲的一些情况透露给新娘一行，使其有所准备。据说此俗由来已久，是撒拉族先民初到当地与藏族联姻时产生的。

浙南一带的畲族有如下婚俗。娶亲日，新娘到了婆家后，婆家挑选出的一位父母健在的姑娘就端上一碗甜蛋茶送给新娘吃，叫"吃蛋茶"。按习俗，新娘只能低头饮茶，不能吃蛋。若吃蛋，则被认为不稳重。

汉民族的婚姻仪式也与茶紧密相关，且其多半是与女子有关的，如浙江长兴的茶俗，主要形式有以下几种：

一是亲家婆茶：女儿出嫁后的第三天，父母亲要去看望女儿，称为"望朝"。望朝时，父母亲要随身带去一两左右的雨前茶、半斤烘青豆、二两橙子皮拌野芝麻，这种茶称为"亲家婆茶"。二为新娘子茶：望朝之后，婆婆要到新娘子的娘家请亲家的亲友到新娘子家去喝"新娘子茶"。三为请新娘子茶：新娘子家的亲戚、好友和客气的老邻居，都要在新娘子出嫁的当年请新娘子去喝茶。四为毛脚女婿茶：还未出阁的大姑娘家里，来串门做客的小伙子特别多。因此，姑娘家都要备上好茶，招待来客中的"未来女婿"。

而在贵州天柱、剑河、三穗一带，过去还流行过一种"退茶"的婚俗。姑娘婚事由父母包办，如果姑娘实在不愿意，即用纸包包一包干茶叶，送到男方家去，对男方父母表示：自己没有福来服侍老人家，请另找一位好媳妇。姑娘把茶叶放在堂屋后，转身就走，如果不被男方的人抓住，婚就退成；若被抓住，可以马上杀猪成婚。这种行动对姑娘来说，既要有胆量，又要有计谋。成功者，会得到妇女们的称赞和崇敬。

有的地方、有些民族中，茶贯穿着婚礼的始终。如湖南等地的汉族中有"三茶"，它是提亲、相亲和洞房前所沏茶水的合称。媒人上门提亲，女家沏以糖茶，含美言之意。男子上门相亲，双方有意，则女子递茶一杯。男方喝茶后，置钱钞或其他贵重物于茶杯中送还女方。女方收受，是为心许。洞房前，将红枣、花生、桂子、龙眼泡入茶中，并拌以冰糖招待客人，取早生贵子、跳龙门之意。这三次喝茶，统称"三茶"。

第四节
节日茶俗

华夏民族的各种茶俗，一年四时均有所闻，尤其集中在节日岁时之中。

一　大年初一元宝茶

江南一些茶楼、茶室、茶店，无论是在通衢大道还是里巷小街，大年初一，老茶客总会得到"元宝茶"的优惠。所谓元宝茶，一是茶叶比往常提高一个档次，如原喝茶末，这天便喝茶梗大叶，并在茶缸中添加一颗金橘或青橄榄，这就是元宝，象征新年"元宝进门，发财致富"；二是茶缸上贴有一只红纸剪出的"元宝"，大致意思也无外乎招财进宝。在一些上档次的茶室、茶楼中，大年初一，不仅能喝元宝茶，还供给瓜子、花生、寸金糖、芝麻糕之类的茶食。茶具也比较讲究，茶食用碟子装，氛围自然比小茶店要雅致。

大年初一这一天，一般人家待客也用元宝茶，同样备有金橘或橄榄，只是茶杯上不一定贴红纸元宝。至于瓜子、花生是户户必备的，考究的人家还用什锦盒装十色糕点饷客。在江南，若有人来做客，女主人往往先给客人端上一碗甜茶（糖汤），然后送上一碗烘青豆加胡萝卜丝的咸茶，泡上一碗细嫩的香绿茶。

二 清明时节尝新茶

中国一直有"三前摘翠"这一说，说的是社前、明前和雨前。一般公历3月下旬可以采到春茶，这种"明前茶"最为名贵。因茶树刚吐新芽，采新芽而制成的珠茶或龙井，往往只一芽一叶。如果在产茶区，用溪流之净水，以松子实做燃料，紫铜茶壶煮水，在紫砂壶中泡开，芽叶舒展，香味浓郁，茶色碧绿清莹，连泡六七次，仍能保存良好茶味。品尝明前茶是茶区很高的礼遇。因为这种茶售价很高，数量很少，一般茶农不会轻易饷客。但一般清明这一天，茶农大都会请一些来茶区的贵客品尝新茶。清明尝新茶，以茶祭祖，逐渐形成一种茶俗。

/ 清·丁观鹏《太平春市图》（局部）描绘了新春市集上各种摆摊以及欢庆春节的场景。卷中松下是一场品茶聚会

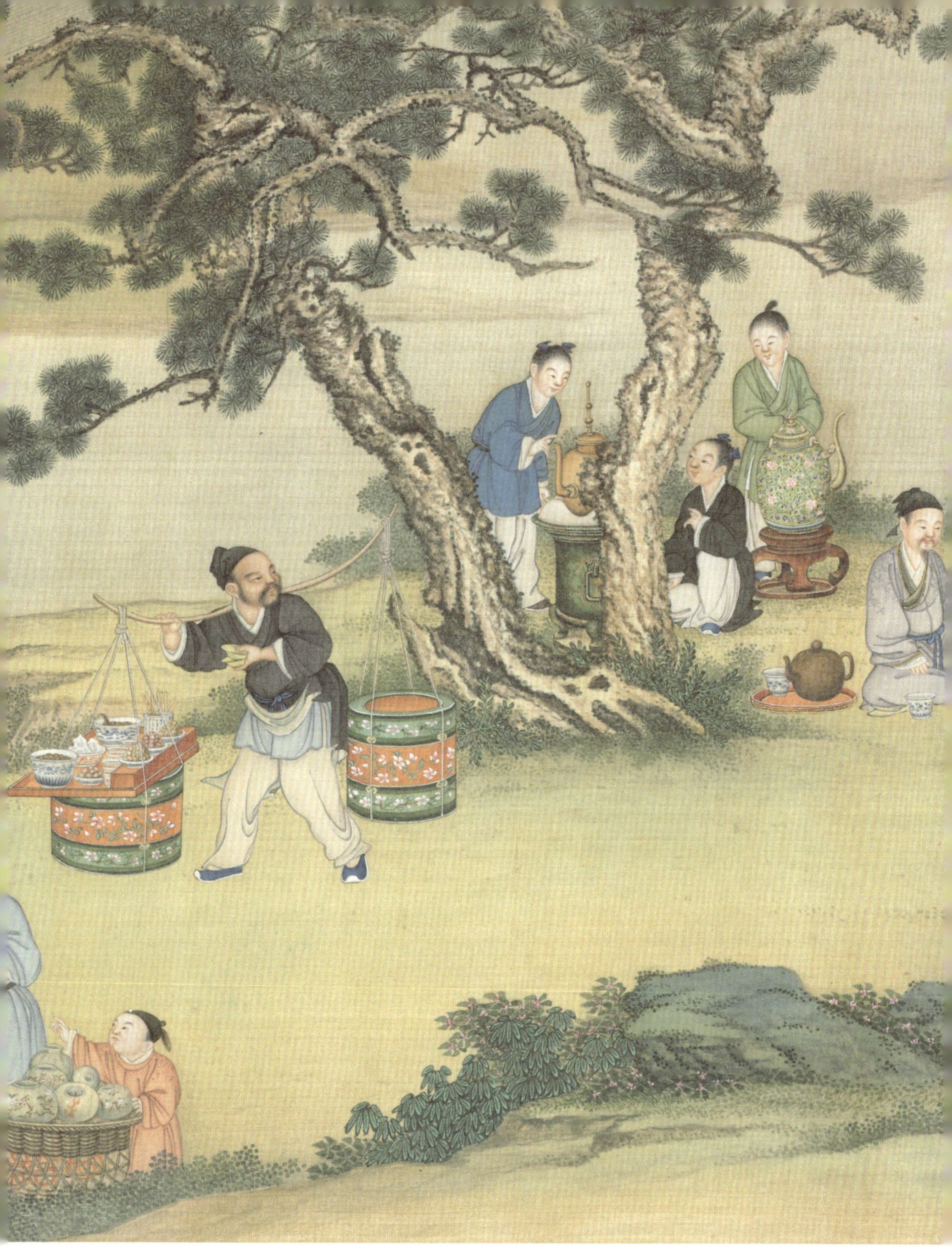

三　端午时节端午茶

端午节又称端阳、重午、重五，习俗除吃端午粽外，还会在中午餐桌上摆出"五黄"，即黄鱼、黄鳝、黄瓜、黄梅和雄黄酒。雄黄酒性热，饮后燥热难当，必须喝浓茶以解之。一般人口较多的家庭，总是泡一茶缸浓茶供家人饮用。中国民间自古就有"喝了端午茶、百病都远走"的说法，因此每逢端午佳节，老百姓上山采选百草，晾匿家中常年备饮，以防病健身、美容养颜、防暑解渴、辟秽驱邪。端午正值夏季，天气燥热，人们需要多饮水防止中暑。茶作为一种健康的饮品，自然成为了大家的选择。这个时候来上一杯茶，提神清燥又补水。端午节少不了吃粽子。吃多了会有些油腻，不好消化，配上清茶，既解腻，又可以助消化，端午茶由此而成为不可缺少的"时令茶"，相沿成习。

午时茶在端午节正午制作饮用，流行于江浙、福建、台湾等地。其选用苍术、柴胡、藿香、白芷、苏叶、神曲、麦芽、红茶等原料经压制而成，泡服或煎饮均可，具有祛风散寒、消食和胃的功能。旧时有钱人家专门制作施舍之，财力不裕的人集资制配储备之，药店则向有交往的顾客免费赠送之。后收入《经验百病内外方》，发展为适用于伤风感冒、食积停滞、腹泻腹痛等症的中成药。

四　立夏时节七家茶

立夏，是二十四节气中的第七个节气，也是夏季的第一个节气，表示盛夏时节的正式开始。斗指东南，维为立夏，万物至此皆长大，故名立夏。七家茶是立夏时节的一个专门的喝茶仪式。《熙朝乐事》记载："立夏之日，人家各烹新茶，配以诸色细果，馈送亲戚比邻，谓之七家茶。富室竞侈，果皆雕刻，饰以金箔。而香茶名曰若茉莉、林檎、桂蕊、蔷薇、丁檀、苏杏，盛以哥汝瓷瓯，仅供一啜而已。"饮七家茶也是为防备疰夏，如《清嘉录》所说："凡以魇疰夏之疾者，则于立夏日，取隔岁撑门炭烹茶以饮，茶叶则索诸左右邻舍，谓之七家茶。"

相传七家茶起源于宋朝，北宋时期，都城的居民都热情好客，每逢佳节或迁居，邻里都会献茶，或者请对方到家中吃茶表示友好和相互关照。后来南宋迁都，随之而来的原开封居民，又把这种优良传统带到了新都杭州，江南茶乡立夏日街坊齐聚饮茶的风俗也由此而来，并流传至今。

五　中元盂兰盆会茶

农历七月十五，是一年一度的中元节，俗称鬼节，佛教称为盂兰盆节。关于其来历，据《盂兰盆经》记载，佛陀弟子目犍连用道眼看到母亲在饿鬼道中受煎苦，因此，目犍连用钵盛饭送母亲吃，但饭未入口就变火炭。目犍连请求佛陀救母亲。佛陀告诉目犍连，应在七月十五日以饮食供养僧众，以僧众的力量超度其母脱离苦海。目犍连依言而行，果然救了他母亲。中国绍兴习俗中有"七月十三，枉死城中的孤魂野鬼全放出来了"的说法，称"放光野鬼"任他们自由活动五天，至七月十八才收进去。所以这一夜中国人要设席宴鬼，摆茶供鬼饮。家家户户从七月十三夜间到七月十八午夜，在天井设七至九碗茶水，供过往鬼魂饮用，名之曰"盂兰盆茶"。而民间这段时间多演"目连戏"，戏台旁必置大缸盛青蒿茶，供看客饮用。

六　中秋节喝茶看月

农历八月十五日适逢中秋，深夜月亮又圆又亮。中秋节始于唐朝初年，盛行于宋朝，人们赏月、吃月饼、吃团圆饭、放灯笼等；至明清时，已成为中国传统节日之一。

自唐朝始，中秋节就有煮饮团茶的习俗。宋朝以福建建瓯一带的北苑龙凤团茶作为贡茶。团茶也被称作"月团"，中秋之夜，团茶代表着团圆，赏月、饮团茶更是天作之合。每逢佳节倍思亲，吃月饼、品好茶，亲情与乡愁，就这么在一饮一啄之间，映着月光慢慢发散出来。明亮的月色、淡淡的茶香，家人间的闲话家常，何尝不是一幅温馨美好画面。月饼配茶，吃得更健康。当吃完大餐之后，再抿上一口茶，茶水就像是一股清流，让人口味清爽，去除腻味。淡淡月色中，淡淡茶香，诗情画意，月饼、香茶遂成标配。又中秋时节，很多人都会有"秋乏"，容易出现口干咽燥、咳嗽少痰等各种秋燥症状。除了调整起居、保证睡眠、加强锻炼之外，手边常备一杯茶也是不错的选择。

第五节
茶生活习俗

饮茶成为人们的生活方式，体现在生活的各个方面，我们不妨举例如下。

茶谚：谚语是流传在民间的口头文学形式，唐代已出现记载饮茶茶谚的著作。苏廙《十六汤品》中载："谚曰：茶瓶用瓦，如乘折脚骏登山。"在民间茶俗中，茶谚随处可见，元曲中有"早起开门七件事，柴米油盐酱醋茶"之谚，讲茶在人们日常生活中的重要性；衣食住行有"酒吃头杯好，茶喝二道香"，"好吃不过茶泡饭，好看不过素打扮"，"当家才知茶米贵，养儿方知报家恩",冷茶冷饭能吃得,冷言冷语受不得";至于反映人情冷暖的"人走茶凉","好茶不怕细品,好事不怕细论",等等,更是家喻户晓,读起来朗朗上口,其文化意蕴又耐人寻味。

茶谚中以生产谚语为多,早在明代就有一条关于茶树管理的重要谚语,叫做"七月锄金,八月锄银",意思是说,给茶树锄草最好的时间是七月,其次是八月。广西农谚说:"茶山年年铲,松枝年年砍。"浙江有谚语:"若要茶,伏里耙。"湖北也有类似谚语:"秋冬茶园挖得深,胜于拿锄挖黄金。"关于采茶,湖南谚曰:"清明发芽,谷雨采茶。"或说:"吃好茶,雨前嫩尖采谷芽"。湖北又有一种说法:"谷雨前,嫌太早,后三天,刚刚好,再过三天变成草。"

有些谚语则透露出经济观念,如"茶叶两头尖,三年两年要发颠",是说茶叶价格高低不一,很难把握,每年都有变化。又如"要热闹,开茶号","茶叶卖到老,名字认不了"。这显然涉及茶叶的贸易。还有些谚语是关于茶叶的审美品鉴,如"茶叶要好,色、香、味是宝",以色、香、味三者来定茶的品级。又如"种茶要好园、吃茶吃雨前","雨前"指黄山谷雨前的毛尖茶,是安徽茶中的上品。

茶的歇后语:歇后语是汉语言中一种特殊的修辞方式,生动有趣，寓意贴切，民间气息浓厚，地域性强。比如四川什邡李家碾有个茶社名叫"各说各"，人们便说个歇后语为"李家碾的茶铺——各说各"。另有"铜炊壶烧开水泡茶——好喝"，"茶壶里头装汤圆——有货倒不出来"，"茶壶头下挂面——难捞"，"茶铺搬家——另起炉灶"，"茶铺头的龙门阵——想到哪儿说到哪儿"，等等。

茶令、茶谜：关于茶令，南宋时大文人王十朋曾写诗说："搜我肺肠茶著令。"他对茶令的形式是这样解释的："与诸子讲茶令，每会茶，指一物为题，各具故事，不同者罚。"可见那时茶令已盛行在江南地区了。

《中国风俗辞典》记载："饮茶时以一人令官，饮者皆听其号令，令官出难题，要求人解答或执行，做不到者以茶为赏罚。"挨罚多者也会酩酊大醉，脸青心跳，肚饥脚软，此谓"茶醉"。

女诗人李清照和丈夫金石学家赵明诚，是中国宋代著名的一对恩爱文人雅士，他们通过茶令来传递情感交流。这种茶令与酒令不大一样，赢时只准饮茶一杯，输时则不准饮。他们夫妻独特的茶令一般采取问答形式，以考经史典故知识为主，如某一典故出自哪一卷、册、页。当时，赵明诚写出了一部30卷的《金石录》，李清照在《金石录后序》中记叙了她与赵明诚共同生活行茶令搞创作的趣事佳话："余性偶强记，每饭罢，坐归来堂，烹茶，指堆积书史，言某事在某书、某卷、第几页、第几行，以中否角胜负，为饮茶先后。中即举杯大笑，至茶倾覆杯中，反不得饮而起……"这样的茶令，为他们的书斋生活增添了无穷乐趣。

最早的茶谜很可能是古代谜家撷取唐诗人张九龄《感遇》中"草木有本心"而配制的"茶"字谜。在民间口头流传的不少茶谜中，有不少是按照茶叶的特征巧制的，如"生在山中，一色相同；泡在水中，有绿有红"。民间还有用"茶"字谜来隐喻借代百岁寿龄的，将"茶"字拆为"八十八"加上草字头（廿）为一百零八。

茶谜常带着故事来。相传古代江南一座寺庙，住着一位嗜茶如命的和尚，和寺外一爿食杂店老板是谜友，喜好以谜会话。忽一夜，老和尚让徒弟找店老板取一物。那店老板一见小和尚装束——头戴草帽，脚穿木屐——立刻明白了，速取一包茶叶叫他带去。原来，这是一道形象生动的"茶"谜：头戴草帽，暗合"艹"；脚下穿木屐，是以"木"字为底；中间加小和尚是"人"，组合成了一个"茶"字。

唐伯虎、祝枝山这对明代苏州风流文人，他们之间猜茶谜的故事很有意思。一天，祝枝山刚踏进唐伯虎的书斋，只见唐伯虎脑袋微摇，吟出谜面："言对青山青又青，两人土上说原因，三人牵牛缺只角，草木之中有一人。"不消片刻，祝枝山就破了这道谜，得意地敲了敲茶几说："倒茶来！"唐伯虎大笑，把祝枝山推到太师椅上坐下，又示意家童上茶。原来这四个字正是："请坐，奉茶。"

茶阵：茶阵是一种以饮茶为方式的江湖隐语，始于明末，兴于清朝，是当时志在"反清复明"的天地会（洪门）内部判断敌我、寻求江湖救急时用作交流的隐语，后在江湖上发扬光大，曾经盛极一时。因为天地会是一个秘密组织，所以在茶铺酒肆中设立联络点，用这种方式联络兄弟、传递信息。

洪门"茶阵"主要有试探、求援、访友、斗法四大功能："试探"是以茶阵考验对方是否为洪门兄弟；"求援"是以茶阵暗示己身有危难，需要相助；"访友"是在登门拜访朋友时，以茶阵的摆设以探知对方在家与否；"斗法"则有互相较劲之意。

茶阵一般分为步阵、破阵和吟诗三个步骤。来者落座时双手撑于两桌角，经营茶栈的天地会堂主、香主前来对切口，并询问来客饮何茶，应答"红（洪）茶"。对完切口，茶栈负责人将摆设茶阵，进一步确认来人身份。第一步，由主人用茶杯摆出阵形，斟上茶水，是为布阵；第二步，由客人移茶、饮茶，破坏阵形,重组阵形,完成破阵;第三步,由客人吟出与茶阵相对应的诗句,完成对茶阵的最后一步,准确无误者通关。这一步还可分文武两种,武解茶阵看起来动作非常花哨,文解只需用手端起,二者都需吟诗。

洪门中与茶有关的隐语有:"茶"为"半夜巡","茶碗"为"莲","茶杯"为"灭清","茶壶"为"洞庭","饮茶"为"收青子"等。洪门"茶阵"几乎都有特定的名称,如"忠义阵""忠奸阵""磕头阵""忠义团圆阵""四大忠贤阵""患难拥扶阵"等。据《洪门志》记载,天地会的茶碗阵共有42类……其名称多出自于古典小说、话本戏曲等,如"赵云救阿斗阵""桃园阵""孔明登台令将阵"等。

闻名遐迩的四川茶馆曾经是旧时的"民间法庭""江湖救急处"。帮会派系为了解决争端、平息矛盾或商议机密事宜,往往相约到茶铺"摆茶阵"。

四川袍哥的茶阵多达43种,阵式、阵名大都与洪门相同,有仁义阵、桃园阵、四平八稳阵、五朵梅花阵、六顺阵等。双方在茶馆对阵时,甲布一阵,令乙破之,能破者为好汉,不能破者为怯弱。如名为"争斗阵"的阵式,是布阵者用茶壶嘴正对着排成一线的三个满碗,意即请对方与他争斗。对方如应请,便将三碗茶同时喝下；如不应请，便取正中一碗独饮。四川茶馆的茶阵还具有一定的娱乐功能。只是随着那个时代的远去，茶阵这种形态也基本随风而逝了。

茶泡饭：以茶汤泡干米饭，就是茶泡饭，中国小说《红楼梦》里专门描述了贾宝玉吃茶泡饭的情景。而清代笔记中也专门记述了名士冒辟疆之妾董小宛"精于烹饪，性淡泊，对于甘肥之物质无一所好，每次吃饭，均以一小壶茶，温淘饭"，并说这个传统为古南京人之食俗，六朝时已有。由此推知，茶泡饭的历史长久。周作人在散文《喝茶》中说："日本用茶淘饭，名曰'茶渍'，以腌菜及'泽庵'（即福建的黄土萝卜，日本泽庵法师始传此法，盖从中国传去）等为佐，很有清淡而甘香的风味。中国人未尝不这样吃，唯其原因，非由穷困即为节省，殆少有故意往清茶淡饭中寻其固有之味者，此所以为可惜也。"

茶泡饭不仅口味清新，还有不小的食疗功效：茶泡饭能去腻、洁口、化食，中老年人常吃茶水米饭，可软化血管，降低血脂，防治心血管疾病，茶水中的单宁酸也能有效地预防中风。茶多酚还能阻断亚硝胺在人体内的合成，从而达到防治消化道肿瘤的目的。此外，色、香、味俱全的茶泡饭茶不仅是美味的食粮，更能提供牙本质中不可缺少的重要物质——含氟化物。如能不断地将少量氟浸入牙组织,便能增强牙齿的坚韧性和抗酸能力,防止龋齿发生。当然,一切都要适可而止。

茶泡饭在日本却形成了一种文化。平安时代(794—1192年)的日本贵族们,习惯将炊饭或者蒸饭加上热水吃,到夏天就

/ 三文鱼米饭配绿茶的日本茶泡饭

换成凉水。室町时代，水演变成了茶。而到战国时代，泡饭已慢慢普及，《信长公记》记载织田信长好几次吃热水泡饭的场景。江户时代后，茶渍屋已变成典型的庶民快餐场所。最终将茶泡饭提升到美食高度的是北大路鲁山人，他是日本历史上著名的美食家、陶艺家，最初以书法篆刻成名，之后开办了北镰仓窑和星冈茶寮，闻名于烹调界。比如鲁山人流派的天妇罗茶泡饭，就是将吃剩的天妇罗经烤制灼烧至微焦——一方面去掉油分，一方面增加香味——然后把它们放到米饭上，用酱油和盐调味，再盖上浓郁的茶汁。盛食物的器皿来自专门制作的桃山风碗。可以说茶泡饭凝聚了料理功夫，又趣味盎然，既可以作为取悦舌尖的奢侈晚餐，也可以作为抚慰人心的实用膳食。

茶叶占卜术：茶叶占卜术属于西洋占卜术，也可以说是一种游戏。在红茶风靡的英国，就有个红茶占卜术。电影《哈利·波特与阿兹卡班的囚徒》中有一个上占卜课的情节，哈利用红茶进行占卜，杯底出现了由茶渣堆积形成的黑狗形象，预示着小天狼星布莱克从戒备森严的阿兹卡班逃出来了。

具体做法需要占卜工具茶杯、配套茶碟、茶壶、茶叶一泡，一般都会用碎茶。先泡茶，接下来开始占卜，左手拿杯子，用可以让水逆时针转动的方式轻轻地摇动杯子三圈，同时在心里默念想要占卜的问题。再把茶碟扣在杯子上，翻个面，茶杯在上，茶碟在下。等茶水流干净之后，重新将茶杯翻过来，动作一定要轻柔。最后观察杯子中茶叶所形成的图形和它们所在的位置，再与它们所表达的意思一一对应。茶叶解读者宣称能从杯子里看出不同的形状、线条、颜色和几何图案，还能看出植物、动物和物体的样子，各有不同的解释。例如，一条直线说明此人很有计划性，同时头脑平和；两条平行线说明旅途平安；一个圆圈顶端有十字交叉一般来说是个不祥的迹象，说明此人不是要进监狱就是要住院；树的形状预示了取得成功，橡树的形状代表了健康。图案形成得越靠近杯子的边缘，就说明该种迹象发生得越快。在杯子底端形成的图案代表事件被认为会在遥远的未来发生。

  这套占卜术的理则根据有二：一是拿茶杯的人的动态举止，会影响到茶叶散落在茶杯底上的分布形状。拿茶杯的人若是兴奋，则茶叶的散落会是一个样子。二是其人若是心情沉重的话，则茶叶散落在杯底又会是另一个样子。拿茶杯的人的运势，将会影响到他如何去看茶叶的散落形状。明明是一个"十"字，若拿茶杯的人运势不好的话，会将之看成X形；明明是像一根手杖的，可能会将之看成手；运势不好的人往往会把什么都不像的茶叶看成鬼脸。恋爱中的男女则甚至会把剪刀形看成心形。总之，通过对茶叶形状的观察和判断，可以反映出人的心理情况，而这一个心理状况又会影响其人的未来际遇。以茶占卜能在人们迷茫不前的时候给予动力，得意忘形时保持冷静，以这样简单的方式与身边的亲朋好友增加交流，是饮茶时的一种有趣的游戏。

世界大部分的人都在喝茶，民族繁杂众多，生活习惯千差万别，且各地区经济发展又很不平衡。因此，饮茶习俗也千姿百态，各有特色。各国茶俗间的相互渗透，使人类的饮茶生活呈现出了美不胜收的图景。

第九章

琴棋书画 诗酒茶

茶和柴米油盐酱醋过日子的同时，也能与琴棋书画诗酒发雅兴，且在那个浪漫天地中担任着不可或缺的角色，其典型形态就体现在茶文学和茶艺术上。茶文学是指以茶为主题而创作的文学作品，其主题不一定是茶，但是有歌咏茶或描写茶的片段，包括了茶诗、茶词、茶文、茶对联、茶戏剧、茶小说等门类。而茶艺术是以艺术形态呈现出来的茶文化，琴棋书画诗酒都列于其中。这是中国茶文化为世界文明作出特殊贡献的部分，值得我们细细品味。

第一节
茶与诗歌

茶与诗歌，是茶与文学这一范畴中的重要门类。三国、两晋、南北朝，以茶为题的诗赋已经不少；唐、宋、元、明、清，更是涌现了大批以茶为题材的诗篇。据统计，就茶诗词计算，唐代有500余首，宋代有1000余首，金、元、明、清和近代有500余首，共计有2000首以上。

一　唐以前的茶诗赋

唐以前的诗中谈到茶的很少，最为经典的有两首，一首是张载的《登成都楼诗》，共有16句，描述成都繁华之都的食物丰富，其中"芳茶冠六清，溢味播九区，"将茶的品质、地位和传播力以诗意的方式做了精确的表达。另一首是晋代大诗人左思的《娇女诗》，讲的是他有俩女儿在园中玩耍的情景，"心为茶荈剧，吹嘘对鼎䥶"。原来女孩子是在吹火煮茶。左思此诗，夹叙夹议，刻画了可爱的烹茶女性形象。

目前所见中国历史上第一篇以茶为主题的诗赋，当推晋代诗人杜育的《荈赋》。杜育写过许多文学作品，但真正使他万古流芳的则是这一曲《荈赋》。《荈赋》是中国也是世界历史上第一次以茶为主题的茶文学作品，我们在其中可以较为集中地领略到当时的茶文化初相。全文如下：

灵山惟岳，奇产所钟。瞻彼卷阿，实曰夕阳。

厥生荈草，弥谷被冈。

承丰壤之滋润，受甘霖之霄降。

月惟初秋，农功少休，结偶同旅，是采是求。

水则岷方之注，挹彼清流；器择陶简，出自东隅；

酌之以匏,取式《公刘》。

惟兹初成,沫沉华浮,焕如积雪,晔若春敷;

若乃淳染真辰,色𧂄青霜;氤氲馨香,白黄若虚。

调神和内,倦解慷除……

赋中所涉及的范围已包括茶叶自生长至饮用的全部过程。由"灵山惟岳"到"受甘霖之霄降"是写茶叶的生长环境、态势以及条件;自"月惟初秋"至"是采是求"描写了尽管在初秋季节,茶农也不辞辛劳地结伴采茶的情景;接着写到烹茶所用之水当为"清流";所用茶具,无论精粗,都采用"东隅"(东南地带)所产的陶瓷。当一切准备停当,烹出的茶汤就有"焕如积雪,晔若春敷"的艺术美感了。

《荈赋》是第一次写到"弥谷被冈"的植茶规模,第一次写到秋茶的采掇,第一次写到陶瓷的宜茶,第一次写到"沫沉华浮"的茶汤特点。这三个第一,足以使《荈赋》成为我国文学宝库中的珍贵财富。

二 唐代茶诗

隋唐科举制起,无官不诗,在茶区任职的州府和县两级的官吏，近水楼台先得月，因职务之便大品名茶。茶助文思，令人思涌神爽，笔下生花。又适逢陆羽《茶经》问世，饮茶之风更炽，茶与诗词，两相推波助澜，咏茶佳诗应运而生。

豪放不羁的诗仙李白，是中国最早以"茶品牌"为诗歌主题的。他听说荆州玉泉真公因常采饮"仙人掌茶"，虽年逾80仍颜面如桃花，不禁对茶唱出赞歌："常闻玉泉山，山洞多乳窟。仙鼠如白鸦，倒悬深溪月。茗生此中石，玉泉流不歇。根柯洒芳津，采服润肌骨。楚老卷绿叶，枝枝相接连。曝成仙人掌，似拍洪崖肩。举世未见之，其名定谁传……"

唐开元年间，饮茶之风在全国迅速、广泛地普及，其中韦应物的《喜园中茶生》诗，有"洁性不可污，为饮涤尘烦，此物信灵味，本自出山原"之句，赞美茶不单有驱除昏沉的作用，而且有荡涤尘烦、忘怀俗事的功能。

中唐时期，正是从酒居上峰到茶占鳌头的一个转折点。唐代诗人广结茶缘还是在陆羽、皎然等饮茶集团出现之后。《茶经》创造了一套完整的茶艺，皎然总结了一套茶道思想，大书法家颜真卿在湖州任职时，曾集结陆羽、皎然、张志和、孟郊、皇甫冉等五十多个诗人，吟诗品画作文，一时花团锦簇，把茶艺、茶道精神通过诗歌加以渲染。茶人陆羽结识了许多文人学士和有名的诗僧,他自己也是一个优秀的诗人,《全唐诗》载他的《六羡歌》:"不羡黄金罍,不羡白玉杯;不羡朝入省,不羡暮入台;千羡万羡西江水,曾向竟陵城下来。"

皎然留下来的茶诗较多,作为僧侣,他的茶诗之重要特点,是对茶禅之理作了精微的阐发。他吟道:"投铛涌作沫,著碗聚生花,稍与禅经近,聊将睡网赊。"这是在唐诗中见到的具体地描述煎茶法的最早的例子。《饮茶歌送郑容》中有"丹丘羽人轻玉食,采茶饮之生羽翼",将茶比作仙药,可见其佛道合一的思想。但皎然茶诗最重大的贡献,还是在茶诗中首次加入茶道的概念。他的《饮茶歌请崔石使君》中说:"越人遗我剡溪茗,采得金牙爨金鼎,素瓷雪色缥沫香,何似诸仙琼蕊浆。"喻茶如仙药、玉浆,对应于诗的末尾"孰知茶道全尔真,唯有丹丘得如此"。诗中还说:"一饮涤昏寝,情思朗爽满天地;再饮清我神,忽如飞雨洒清尘;三饮便得道,何须苦心破烦恼。此物清高世莫知,世人饮酒多自欺。"说明依靠茶可以涤荡精神甚至得道。

以饮茶而闻名的卢仝,自号玉川子。他作诗豪放怪奇,独树一帜,名作《走笔谢孟谏议寄新茶》描写饮七碗茶的不同感觉,步步深入:"一碗喉吻润,两碗破孤闷。三碗搜枯肠,唯有文字五千卷。四碗发轻汗,平生不平事,尽向毛孔散。五碗肌骨清,六碗通仙灵。七碗吃不得也,唯觉两腋习习清风生。蓬莱山,在何处?玉川子,乘此清风欲归去。……"

元稹也喜好茶,并给我们留下了以茶为主题的宝塔诗《茶》:"茶;香叶,嫩芽;慕诗客,爱僧家;碾雕白玉,罗织红纱;铫煎黄蕊色,碗转曲尘花;夜后邀陪明月,晨前命对朝霞;洗尽古今人不倦,将知醉后岂堪夸。"元稹对茶的造诣很深,将铫与碗并举,则抓住了煎茶的特征。

把茶大量移入诗坛,使茶酒在诗坛中并驾齐驱的是白居易。白居易是唐代作茶诗最多的诗人,在他留世的2800多首诗作中,有65首和茶有关的诗。其《食后》云:"食罢一觉睡,起来两瓯茶。举头看日影,已复西南斜。乐人惜日促,忧人厌年赊;无忧无乐者,长短任生涯。"诗中写出了他食后睡起,手持茶碗,无忧无虑,自得其乐的情趣。而白居易最喜欢的是产在四川的"蒙顶茶",故有《琴茶》一诗说:"琴里知闻唯渌水,茶中故旧是蒙山。"诗、酒、茶、琴为白居易的生活增加了许多的情趣。在他的《琵琶行》中,有"商人重利轻别离,前月浮梁买茶去",说明他对茶业这一行的了解,这两句也成了茶文化史上的重要史料。

晚唐时期,最有名的吟茶诗人,当推皮日休和其友人陆龟

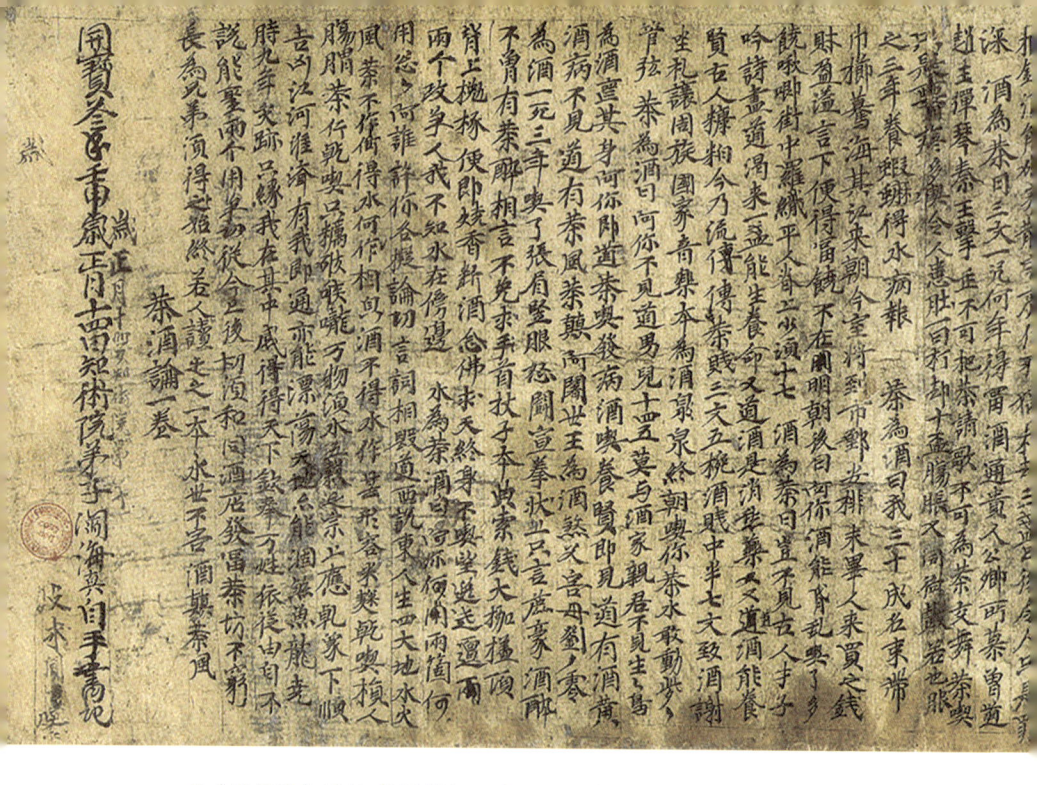

/ 唐《茶酒论》写经 敦煌藏经洞出土，现存法国国家图书馆

蒙。皮日休甚至在《茶中杂咏并序》中以陆羽的继承人自居，分别以茶坞、茶人、茶笋、茶籯、茶舍、茶灶、茶焙、茶鼎、茶瓯、煮茶为题连续作诗，对于考察当时茶的制造方法有很高的参考价值。和皮日休齐名的是陆龟蒙，他在《奉和袭美茶具十咏》中也以相同的题目作了联咏。其人隐居茶山，还在顾渚山下买了一块茶园，新茶上来，自己先品一番，写些隐居的茶诗，比如"雨后采芳去，云间幽路危"等。从前顾渚山土地庙有副对联写他："天随子杳矣难追遥听渔歌月里，顾渚山依然不改恍疑樵唱

风前。"这个天随子，就是陆龟蒙。

唐代诗人共同留下了不少关于茶的诗篇，开创了唐代茶诗的宏大意境。

三　宋代茶诗词

宋人茶诗较唐代还要多，有人统计可达千首。由于宋代朝廷提倡饮茶，贡茶、斗茶之风大兴，朝野上下，茶事更多。宋代强调文人自身的思想修养和内省，而要自我修养，茶是再好不过的

一片叶子落入水中

伴侣。所以，文人儒者往往都把以茶入诗看作高雅之事，这便造就了茶诗、茶词的繁荣。像苏轼、陆游、黄庭坚、徐弦、王禹偁、林逋、范仲淹、欧阳修、王安石、梅尧臣、苏辙等，均是既爱饮茶，又好写茶的诗人，前期以范仲淹、梅尧臣、欧阳修为代表，后期以苏东坡和黄庭坚为代表。

北宋斗茶和茶宴盛行，所以茶诗、茶词大多表现以茶会友，相互唱和，以及触景生情、抒怀寄兴的内容。最有代表性的是欧阳修的《双井茶》诗："西江水清江石老，石上生茶如凤爪。穷腊不寒春气早，双井茅生先百草。白毛囊以红碧纱，十斤茶养一两芽。长安富贵五侯家，一啜尤须三日夸。"

即便是那些金戈铁马的将军、大义凛然的文相，在激越的生活中也无法忘怀闲适的茶。唱着"将军白发征夫泪"的范仲淹，历史上一直作为儒家杰出代表，他写过一首很长的《和章岷从事斗茶歌》，共42行，堪称茶的长诗之最。至于写过"人生自古谁无死，留取丹心照汗青"的文天祥，也曾写过这样的诗行呢："扬子江心第一泉，南金来北铸文渊。男儿斩却楼兰首，闲品茶经拜羽仙。"

/ 明·仇英《人物故事图册·竹院品古》此图描绘文人在庭院中品鉴古玩字画，一名童仆在屏风后烹茶

宋代是词的鼎盛时期，以茶为内容的词作也应运而生。诗词大家、书法圣手的苏东坡以才情名震天下，他的茶诗多有佳作，如《惠山谒钱道人烹小龙团登绝顶望太湖》中的"独携天上小团月，来试人间第二泉"，常为人所引用。其临终前一年在海南儋州创作了一首七律《汲江煎茶》："活水还须活火烹，自临钓石取深清。大瓢贮月归春瓮，小勺分江入夜瓶。茶雨已翻煎处脚，松风忽作泻时声。枯肠未易禁三碗，坐听荒城长短更。"杨万里高度评价道："七言八句，一篇之中，句句皆奇；一句之中，字字皆奇，古今作者皆难之。"

诗人爱茶，更多是把饮茶作为一种淡泊超脱的生活境界来追求的。"休对故人思故国，且将新火试新茶，诗酒趁年华。"这里，享乐与忘却的情绪交替出现，茶无疑成了忘忧草。

南宋由于苟安江南，所以茶诗、茶词中出现了不少忧国忧民、伤事感怀的内容，最有代表性的是陆游的诗。陆游是诗人中写茶诗最多者，他一生写了三百多首茶诗，当过茶官。他和陆羽同姓，取了个和陆羽一样的号叫"桑苎"，说："我是江南桑苎家，汲泉闲品故园茶。"作为一生不得志的大诗人，陆游在豪气与郁闷中不免求助于茶，过着"饭白茶甘不知贫"的日子。他的《临安春雨初霁》大名鼎鼎："世味年来薄似纱，谁令骑马客京华?小楼一夜听春雨,深巷明朝卖杏花。矮纸斜行闲作草,晴窗细乳戏分茶。素衣莫起风尘叹,犹及清明可到家。"将个人命运与国家命运,通过茶事活动联结起来,堪称杰作。

四 元明清茶诗

元代诗人不仅以诗表达个人情感,也注意到了民间饮茶风尚。明代虽然有一些皓首穷茶的隐士,但大多数人饮茶是忙中偷闲的,既超乎现实,又基于现实。因此,明代茶诗反映这方面的内容比较突出,强调茶中凝万象,从茶中体味大自然的好处,体会人与宇宙万物的交融。清代朝廷茶诗很多,但大多数是歌功颂德的内容。

元代的茶艺、茶道不仅走向了民间,而且文学中也有茶的知音。如耶律楚材的《西域从王君玉乞茶,因其韵七首》共七首,达三百九十余字;而李载德所作散曲《喜春来赠茶肆》,即由10首小令组成。试选一首表达茶俗之生动情趣:"茶烟一缕轻轻扬,搅动兰膏四座香。烹煎妙手赛维扬。非是谎,下马试来尝。"这些小令运用众多典故,广泛讲述了煎茶、饮茶的乐趣,写出了茶博士的妙手和风流,仿佛是一幅洋溢着民间生活气息的风俗画。

明代社会矛盾激烈,文人不满政治,茶与僧道、隐逸的关系更为密切,从诗歌中也体现出来。如陆容的《送茶僧》:"江南风致说僧家,石上清香竹里茶。法藏名僧知更好,香烟茶晕满袈裟。"而陈继儒《试茶》文字讲究,古意盎然:"绮阴攒盖,灵草试奇。竹炉幽讨,松火怒飞。水交以淡,茗战而肥。绿香满路,永日忘归。"明代的咏茶诗比元代多,著名的有黄宗羲的《余姚瀑布茶》、文徵明的《煎茶》等。特别值得一提的是,明代还有不少反映人民疾苦、讥讽时政的咏茶诗。如高启的《采茶词》:"雷过溪山碧云暖,幽丛半吐枪旗短。银钗女儿相应歌,筐中采得谁最多?归来清香犹在手,高品先将呈太守。竹炉新焙未得尝,笼盛贩与湖南商。山家不解种禾黍,衣食年年在春雨。"诗中描写了茶农把茶叶供官后,其余全部卖给商人,自己却舍不得尝新的痛苦,表现了诗人对人民生活极大的同情与关怀。明代正德年间身居浙江按察佥事的韩邦奇,他根据民谣加工润色而写成的《富阳民谣》,揭露了当时浙江富阳贡茶和贡鱼扰民害民的苛政,其深刻激愤之程度,是历代茶之诗文中不曾见到的,诗云:"富阳山之鱼,富阳江之茶,鱼肥卖我子,茶香破我家。……山摧茶亦死,江枯鱼始无。山难摧,江难枯,我民不可苏!"清人陈章的《采茶歌》同情茶农:"凤凰岭头春露香,青裙女儿指爪长。度涧穿云采茶去,日午归来不满筐。催贡文移下官府,那管山寒芽未吐。焙成粒粒比莲心,谁知侬比莲心苦。"

清代茶事多,清高宗乾隆曾数度下江南游山玩水,也曾到杭州的龙井、云栖、天竺等茶区,留下不少诗句。他在《观采茶作歌》中写道:"火前嫩,火后老,唯有骑火品最好。西湖龙井旧擅名,适来试一观其道……"史料价值大。也有一些文人写出了一流好茶诗,比如无名氏的"竹枝词",以民歌形式写茶中蕴含的爱情:"盘塘江口是奴家,郎若闲时来吃茶。黄土筑墙茅盖屋,门前一树紫荆花。"诗中好像呈现出了一幅真实的图画:茅屋、江水、土墙、紫荆,一个美丽的少女倚门相望,频频叮咛,用"请吃茶"来表达心中的恋情,展现出一片美好纯真的心意。

第二节
茶与散文

茶叶作为一种寓意清新的题材,除了在诗词中有大量表现外,在辞赋和散文中也屡见不鲜。茶的散文类作品有"表"——这种体例也属于散文,比如《为田神玉谢茶表》《代武中丞谢新茶表》《进新茶表》;有"启",它属于奏章之类的公文,如《谢傅尚书惠茶启》,也被归入茶散文;有信札涉及茶事,如刘琨的

《与兄子南兖州刺史演书》常为人征引。茶之于赋,有《荈赋》《茶赋》《南有嘉茗赋》《煎茶赋》;茶之于颂,有《茶德颂》;茶之于铭,如《茶夹铭》《瓷壶铭》;还有茶檄,如《斗茶檄》,更是有影响力的茶文名篇了。

唐代诗人顾况也作有《茶赋》一首,赞茶之功用:"……泛浓华,漱芳津,出恒品,先众珍,君门九重,圣寿万春,此茶上达于天子也。滋饭蔬之精素。攻肉食之膻腻。发当暑之清吟。涤通宵之昏寐。杏树桃花之深洞。竹林草堂之古寺。乘槎海上来。飞锡云中至。此茶下被于幽人也……"此文亦属唐代茶散文中的名篇。

从敦煌出土文物中发现了一篇著名的唐代王敷的"变文"《茶酒论》,记叙了茶叶和酒各自夸耀,论辩不休,最后由水出来调停这样一个内容。全文以一问一答的方式,并且都用韵,也有对仗。读来饶有趣味。

至宋,有苏轼的《叶嘉传》,其以拟人化传记体歌颂了茶叶的高尚品德:"叶嘉,闽人也,其先处上谷。曾祖茂先,养高不仕,好游名山。至武夷,悦之,遂家焉。……"这种独特的原创体例,可谓匠心独具。黄庭坚的《煎茶赋》,善用典故,写尽茶叶的功效和煎茶的技艺:"汹汹乎如涧松之发清吹,皓皓乎如春空之行白云。宾主欲眠而同味,水茗相投而不浑。苦口利病,解醪涤昏,未尝一日不放箸,而策茗碗之勋者也。"

元末明初文学家杨维桢,字廉夫,号铁崖,浙江会稽(今绍兴)人。他的散文《煮茶梦记》充分表现了饮茶人在茶香熏陶下的心境。如仙如道,烟霞璀璨,饮茶梦境,恍惚神游,给人以极大的审美享受。明代茶之散文佳文迭出,其中著名的有朱权的《茶谱》。朱权是明太祖朱元璋之第十七子,洪武二十四年(1391年)封宁王。在《茶谱》序中,他写道:"挺然而秀,郁然而茂,森然而列者,北园之茶也。泠然而清,锵然而声,涓然而流者,南涧之水也。块然而立,晬然而温,铿然而鸣者,东山之石也。瘟然而酸,兀然而傲,扩然而狂者,渠也。以东山之石,击灼然之火。以南涧之水,烹北园之茶,自非吃茶汉,则当握拳布袖,莫敢伸也!本是林下一家生活,傲物玩世之事,岂白丁可共语哉?予法举白眼而望青天,汲清泉而烹活火,自谓与天语以扩心志之大,符水以副内练之功,得非游心于茶灶,又将有裨于修养之道矣,岂惟清哉?"实在是一篇美不胜收的茶之佳文。

此外,明代周履靖的《茶德颂》,张岱的《斗茶檄》《闵老子茶》《礼泉》《兰雪茶》等,都是不可多得的佳作。张岱作为一代大茶人,写下过许多小品文式的茶文,几乎篇篇都为佳作。后人研究茶,没有一个不提到他的。

清代文学家全望祖作有《十二雷茶灶赋》,这一篇更是气势非凡,描写浙江四明山区的茶叶盛景,其境界浪漫灿烂,发人遐想。

而在现代散文中,鲁迅的《喝茶》和周作人的《喝茶》都是别具一格的散文,由于两人的思想和生活方式的不同,散文中出现的"茶味"也是各不相同,但均具有浓重的艺术个性。

当代散文中出现过不少名篇,如汪曾祺的诸多茶散文,体现了他非常细致的生活观察能力,非常生动有趣。张承志写的内蒙古生活,喝奶茶时的心境,一扫传统隐逸之气,博大雄浑,底层人民的生活和深厚感情,扑面而来,是上上之作。

第三节
茶与小说传奇

茶与小说,可分有关茶事的小说和小说中写有茶事,一般而言,以小说中写有茶事的类别居多。唐以前小说中的茶事往往在神话志怪传奇故事里出现,如:东晋干宝《搜神记》中的神异故事"夏侯恺死后饮茶";隋代以前《神异记》中的神话故事"虞洪获大茗";南朝宋刘敬叔《异苑》中的鬼异故事"陈务妻好饮茶茗";还有《文陵耆老传》中的神话故事"老姥卖茶"……这些名篇开了小说故事记叙茶事的先河。

至唐宋时期,记叙茶事的著作渐多,但其中多为茶叶专著或茶诗茶词;直至明清时代,记述茶事的话本小说和章回小说开始盛兴。在中国的许多优秀古典小说名著中,有很多关于茶的细腻描述,反映出茶在各个时代人民生活中的地位。元末明初施耐庵的名作《水浒传》对宋代各阶层人民以茶待客,以及当时寺院和城镇开设茶坊招待顾客等情况有生动的描绘,其中王婆开茶坊和喝大碗茶的情景非常生动。吴敬梓的《儒林外史》、刘鹗的《老残游记》、李伯元的《官场现形记》等许多作品,几乎都有关于茶在当时书场、茶馆,以及在喜庆婚丧和官场应酬等情况的不同表述。

在众多的小说中,描写茶事最细腻、最生动的莫过于《红楼梦》。《红楼梦》全书一百二十回,谈及茶事的就有近三百处。其描写的细腻、生动和审美价值的丰富,都是其他作品无法企及的。明代冯梦龙的《喻世明言》中有"赵伯升茶肆遇仁宗"一节,其以茶肆作为场景,从侧面反映了宋代茶事之盛。兰陵笑笑生的《金瓶梅》有大量描写茶事的内容,其中经典的当推"吴月娘扫雪烹茶"一回,故清人张竹坡旁批"是市井人吃茶"。

清代小说大量描写茶事,蒲松龄大热天在村口铺上一张芦席,放上茶壶和茶碗,用茶会友,以茶换故事,《聊斋志异》多次提及茶事。在刘鹗的《老残游记》中,有专门写茶事的"申子平桃花山品茶"一节。李汝珍的《镜花缘》、吴敬梓的《儒林外史》、李绿园的《歧路灯》、文康的《儿女英雄传》、西周生的《醒世姻缘传》等著名作品,无一例外地写到"以茶待客""以茶祭祀""以茶为聘""以茶赠友"等茶风俗。

我们已知,在国外的小说和戏剧中也有不少关于茶的动人的描写,9世纪中叶,中国的茶叶传入日本不久,嵯峨天皇的弟弟和王就写了一首茶诗《散杯》。17世纪茶叶传入欧洲后,也出现了一些茶诗。后来,西欧诗人发表了不少茶诗,内容多是对茶叶的赞美。名作家狄更斯的《匹克威克传》、女作家辛克蕾的《灵魂的治疗》中,对茶都有动人的描写。在埃斯米亚、格列夫等的作品中,提到饮茶的多至四十多次。俄国小说家果戈里、托尔斯泰、屠格涅夫于作品中以饮茶作为转折处的桥梁,也不亚于英国作家。茶在国外戏剧中也有反映,1692年英国剧作家索逊在《妻的宽恕》剧本中,就有关于茶会的描述。在英国剧作家贡格莱的《双重买卖人》、喜剧家费亭的《七付面具下的爱》中，都有茶的场面。荷兰阿姆斯特丹自1701年开始上演戏剧《茶迷贵妇人》，该剧百余年来一直在欧洲演出，从中可以看到他们对这种奇巧饮料的喜爱。

第四节
茶与民间文学

中国产茶历史悠久，名茶众多，因而茶的民间文学题材广泛，内容丰富。与各种各样的人物、故事、古迹和自然风光交织在一起，大多具有地方特色和乡土感情。如民间传说中，唐代景宁山中雷太祖救了峨眉山来的老和尚，老和尚便将峨眉山茶种在惠明寺旁，并留下一联："此身难报福恩惠，留下寺茶照山明。"遂有惠明寺和惠明茶。而杭州龙井茶更有许多故事，专门讲述龙井茶为什么是扁的。所以在民间文学的事项中，民间茶谣是最值得介绍的。

茶谣属于民谣、民歌，为中华民族在茶事活动中对生产生活的直接感受，形式简短，通俗易唱，寓意深刻。类型分山歌、情歌、采茶调、采茶戏、劳动号子、小调等；表达的形式多种多样,有农作歌,佛句歌、仪式丧礼歌、生活歌、情歌等。

茶谣是民间的文化形式,在情感表达和内容陈述上,是茶区劳动者生活情感自然流露的产物,较多保留着茶乡原有的民风民俗。在其艺术特点中,大约包括以下几个方面。

一是从茶事活动中摘取的生动无比的鲜活素材。比如采茶,姑娘们上山采茶,喜悦与辛苦都可以产生茶谣。广西的《采茶调》改编后进入《刘三姐》等文艺作品,至今传唱,成为经典:"三月鹧鸪满山游,四月江水到处流,采茶姑娘茶山走,茶歌飞上白云头。草中野兔蹿过坡,树头画眉离了窝,江心鲤鱼跳出水,要听姐妹采茶歌。"比如炒茶,一夜到天亮,信阳茶区的炒茶工,在辛苦生产中创作了炒茶歌:"炒茶之人好寒心,炭火烤来烟火熏,熬到五更鸡子叫,头难抬来眼难睁,双脚灌铅重千斤。"比如卖茶也有茶谣,益阳茶歌《跑江湖》这样唱道:"情哥撑篙把排开,情妹站在河边哭哀哀。哥哎!你河里驾排要站稳,过滩卖茶要小心;妹哎!哥是十五十六下汉口,十七十八下南京,我老跑江湖不要妹操心。"

二是有强烈的叙事传统。采茶调是民间歌谣中一种特殊的民谣体例,尤其是十二月采茶调,分顺采茶和倒采茶,分别从一月到十二月,或者从十二月到一月,叙事性极强。同时,借重"十二月",也体现了一种结构意识的觉醒与成熟。无论是"十二月"还是"十月",甚至是"四季",都向我们昭示了以时序为基本框架的线性结构模式,其不同只是依叙事需要而作的容量调整。喻历史典故咏古颂今的,充满学问和说教,涉及广泛,通常也是一月一事,一节一例,如"三月采茶茶叶青,红娘捧茶奉张生。张生拉住莺莺手,莺莺抿嘴笑盈盈"。寥寥28字将一部《西厢记》刻画得淋漓尽致。

三是茶农们的强烈情感。在茶谣中,人们对生活有着极为强烈的表达,首先就体现在爱情上,出现了大量茶谣情歌。比如安徽茶谣中的情歌唱道:"四月里来开茶芽,年轻姐姐满山爬,那里来个小伙子,脸而俏,嗓音好,唱出歌儿顺风飘,唱得姐姐心卜卜跳。"《湖南·古丈茶歌》生动地描述了约会时的心情:"阿妹采茶上山坡,思念情郎妹的哥;昨夜约好茶园会,等得阿妹心冒火。昨夜炒茶摸黑路,迟来一步莫骂奴;阿妹若肯嫁与哥,哪有这般相思苦。"河南的茶谣火辣辣:"想郎浑身散了架,咬着茶叶咬牙骂,人要死了有魂在,真魂来我床底下,想急了我跟魂说话。"四川的《太阳出来照红岩》与河南茶谣也有的一拼:"太阳出来照红岩,情妹给我送茶来。红茶绿茶都不受,只爱情妹好人才。喝口香拉妹手!巴心巴肝难分开。在生之时同路耍,死了也要同棺材。"

对生活的艰辛也在茶谣中有所体现。皖南茶谣说:"小小茶棵矮墩墩,手扶茶棵叹一声。白天摘茶摘到晚,晚上炒茶到五更,哪有盘缠转回城?"透露着种茶人对经济窘困、生活贫困的沉重哀叹。

四是鲜明的艺术形象。比如四川茶谣《茶堂馆》里的店小二:"日行千里未出门,虽然为官未管民。白天银钱包包满,晚来腰间无半文。"比如《掺茶师》中的掺茶师:"从早忙到晚,两腿多跑酸。这边应声喊,那边把茶掺。忙得团团转,挣不到升米钱。"《丑女》中的茶女十分胆大:"打个呵欠哥皱眉,姐问亲哥想着谁。想着张家我去讲,想着李家我做媒,不嫌奴丑在眼前。"有一首茶歌,犹如一个小故事,一幅风情画:"温汤水,润水苗,一桶油,两道桥。桥头有个花娇女,细手细脚又细腰,九江茶客要来谋(娶)。"一个到外地卖茶的年轻商人,看上了站在桥头的苗条少女,决心娶她。不禁使人想起《诗经》里的那首:"关关雎鸠,在河之洲。窈窕淑女,君子好逑。"

五是新颖精巧的艺术构思,独具一格的表现手法和优美生动的民间语言。茶谣在句式、章段、结构、用韵、表现手法方面,和民歌一样,都有自己的特点,对比兴、夸张、重叠、谐音等手法，也多有运用。揭露抨击性的时政歌谣，常用谐音、隐语。双关语在情歌中运用较多。拟人化手法，儿歌中较为常见。比如江西安福的表嫂茶歌就很典型："一碗浓茶满冬冬，端给我的好老公，浓茶喝了心里明，不招蝴蝶不忍蜂。"其余女子以碗盖伴奏，这是以暗喻的方式告诉丈夫不得变心。

第五节
茶与美术

中国的文人，琴棋书画是连在一起的，会写诗，也会书画，就好像是一个有学问的人必备的艺术修养。

中国茶画的出现大约在盛唐时期。陆羽作《茶经》最后一章就叫"十之图"，但从其内容看，还是表现烹制过程，以便使人对茶有更多了解。而唐人阎立本所作《萧翼赚兰亭图》，则为世界上最早的茶画。从画面上看。画中描绘了儒士与僧人共品香茗的场面。但真实的核心内容，就是萧翼遵照唐太宗的旨意，装成一个书生去拜见辩才时，套出了辩才藏有王羲之书法作品《兰亭集序》的秘密的情景。画为素绢本，着色，未署名，画面的左侧，便是两位侍者在煮茶。那个满脸胡子的老仆人，左手持茶

/ 唐·阎立本《萧翼赚兰亭图》，现存台北故宫博物院

铛到风炉上，右手持茶夹，正在烹茶。一个小茶童双手捧着茶托盘，弯腰，正准备小心翼翼地分茶，以便奉茶。童子的左侧，有着一个具列，上面置一茶碗，一茶碾之堕，一朱红色小罐。

画家阎立本的《历代帝王图》《步辇图》都是经典名画,《萧翼赚兰亭图》更有其始料未及的历史功绩,作为世界上第一幅茶画,为中国茶文化留下了一道不可或缺的风景线。

张萱所绘《明皇和乐图》是一幅关于宫廷帝王饮茶的图画。唐代佚名作品《宫乐图》，描绘了宫廷妇女集体饮茶的大场面。唐代是茶画的开拓时期，唐代茶画对烹茶、饮茶具体细节与场面的描绘比较具体、细腻，不过所反映的精神内涵尚不够深刻。

《调琴啜茗图》传说是唐代周昉所作。画中三个贵族女子，一调琴，一笼手端坐，一侧身向调琴者，手持盏向唇边，又有二侍女站立，旁边衬以树木浓荫，瘦石嶙峋，渲染出十分恬适的气氛。

五代至宋，茶画内容十分丰富。有反映宫廷、士大夫大型茶宴的，有描绘士人书斋饮茶的，有表现民间斗茶、饮茶的。这些茶画作者，大多是名家，所以他们的作品在艺术手法上也更提高了一步，其中不乏体现深刻思想内涵者。

南宋茶事之盛，亦如画事之盛，一个主要的原因大概是宋徽宗赵佶的推崇。他不但自己擅画，创"瘦金体"，狂草作品数量也颇为可观。他还广收古物、书画，网罗画师，扩充翰林图画院，亲命编辑的《宣和书谱》《宣和画谱》《宣和博古》等书，至今仍为学人所重。也就是这位皇帝，竟然亲自撰写了一部茶文化经典著作——《大观茶论》，这在古今中外恐怕是空前绝后的。

赵佶擅画又喜茶，合璧而成文人雅集品茶图——《文会图》。

上行下效，宋一代饮茶蔚然成风，当是顺理成章之事。

南宋有刘松年所画《卢仝烹茶图》《撵茶图》《茗园赌市图》传世，三件茶事图，正好展示了当时社会上的三个主要阶层，两种主要饮茶方式，几乎可以看作宋代饮茶的全景浓缩图。《撵茶图》画的是当时贡茶的饮用情况，尽管图中之人物并非帝王将相，但从图中茶的饮用方式，即煎煮饮用之前有一个用磨碾的过程来看，他们饮用的是团茶。《卢仝烹茶图》尽管是画唐代士人之饮茶，但其实不过是借前朝衣冠而已。而《茗园赌市图》则是写市民之斗茶。此幅被后来画家屡屡模仿，如宋代钱选的《品茶图》、元代赵孟頫的《斗茶图》，均是取其局部稍加改动而成的。市民不但饮茶，并且进而盛行从饮茶引申出来又脱离饮用的茶的形式游戏，还成为一种习俗，可见南宋茶事之盛。作为宫廷著名画师的刘松年，一而再，再而三地画茶事，更增其佐证。

茶也出现在雕刻作品上，现存北宋妇女烹茶画像砖刻画：一高髻妇女，身穿宽领长衣裙，正在长方炉灶前烹茶，她双手精心揩拭茶具，目不斜视。炉台上放有茶碗和带盖执壶，整幅造型优美古雅，风格独特。

元明以降，中国封建社会文化可以说到了烂熟的阶段，各种社会矛盾和思想矛盾加深。这一时期的茶画注重与自然契合，反映社会各阶层的茶饮生活状况。

元代赵孟頫的《斗茶图》，图中四人，一人一手提竹炉，另一手持盏，头微上仰，作品茶状，数人注目凝视，似乎正在等待聆听高论，又有一人手执高身细颈长嘴壶往茶盏中斟茶，人物生动，布局严谨。明代的唐伯虎、文徵明也都有以品茶为题材的作品传世。唐伯虎的《事茗图》画一层峦叠翠、溪流环绕的小村，参天古木下有茅屋数椽，飞瀑似有声，屋中一人置茗若有所待，小桥流水，上有一老翁依杖缓行，后随抱琴小童，似客应约而至，细看侧屋，则有一人正精心烹茗。画面清幽静谧，而人物传神，流水有声，静中蕴动。

文徵明的《惠山茶会图》，描绘了明代举行茶会时的情景，茶会的地点，山岩突兀，繁树成荫，树丛有井亭，岩边置竹炉，与会者有主持烹茗的，有在亭中休息待饮的，有观赏山景的，正是茶会将开未开之际。

明代丁云鹏的《玉川煮茶图》，画面是花园的一隅，两棵高大芭蕉下的假山前坐着主人卢仝——玉川子；一个老仆提壶取水而来，另一老仆双手端来捧盒；卢仝身边石桌上放着待用的茶具，他左手持羽扇，双目凝视熊熊炉火上的茶壶，壶中松风之声仿佛可闻。清代薛怀的《山窗清供图》，清远飘逸，独具一格，画中有大小茶壶及茶盏各一，自题胡峤诗句："沾牙旧姓余甘氏，破睡当封不夜侯。"诗书名家朱星渚也题了茶诗："洛下备罗案上，松陵兼列经中，总待新泉活火，相从栩栩清风。"此画枯笔勾勒，明暗向背十分朗豁，富有立体感，极似现代素描画。

清代茶画重杯壶与场景，而不去描绘烹调细节，常以茶画反映社会生活。特别是康乾鼎盛时期的茶画，以和谐、欢快为主要内容。

日本以茶为题材的绘画也仿自中国，著名的有《茶旅行礼》，画卷12景，描绘17到18世纪每年从宇治运新茶到东京的壮观礼节。

英国画家画下了不少18世纪贵族一起品饮下午茶的场景，人物、茶具及外部环境刻画得非常细腻，在给人们带来莫大艺术享受之际，也为后人留下了宝贵的茶文化资料。

第六节 茶与书法

对中国书法稍有常识者，不会不知道蔡襄、苏东坡、徐渭等一代大家。他们都与茶有书缘。

有个墨茶之辩的故事，故事的主角是苏东坡和司马光，他们都是茶道中人。一日，司马光开玩笑问苏东坡："茶与墨相反，茶欲白，墨欲黑，茶欲重，墨欲轻，茶欲新，墨欲陈，君何以同爱此二物？"苏东坡说："茶与墨都很香啊！"

唐代是书法盛行时期，僧人怀素喝醉了酒，手指头、袖口、手绢，沾了墨就往墙上涂去，龙飞凤舞，号称狂草，可谓一代大家。他写过一个叫《苦笋帖》的帖子，上曰："苦笋及茗异常佳，乃可径来，怀素上。"茶圣陆羽对他推崇备至，专门为他写了《僧怀素传》。

蔡襄在督造出小龙团茶饼的同时，书法也从重法走向尚意。蔡襄的字，在北宋被推为榜首，他写的《茶录》，从文上说是对《茶经》的发展，从字上说是有名的范本。另有《北苑十咏》《精茶帖》等有关茶的书迹传世，被后人称赞，将之誉为茶香墨韵的珠联璧合。

明代才子辈出，画家们喜欢在画上题诗盖印，唐寅画过一幅《事茗图》，上题："日长何所事，茗碗自赏持；料得南窗下，清风满鬓丝。"字也飘逸，人也飘逸，寒而不酸，真风流也。还有个了不起的大家徐渭，在他留下的墨宝中，有《煎茶七类》草书一幅，欣赏时满眼青藤缭绕之感。

第九章　琴棋书画诗酒茶

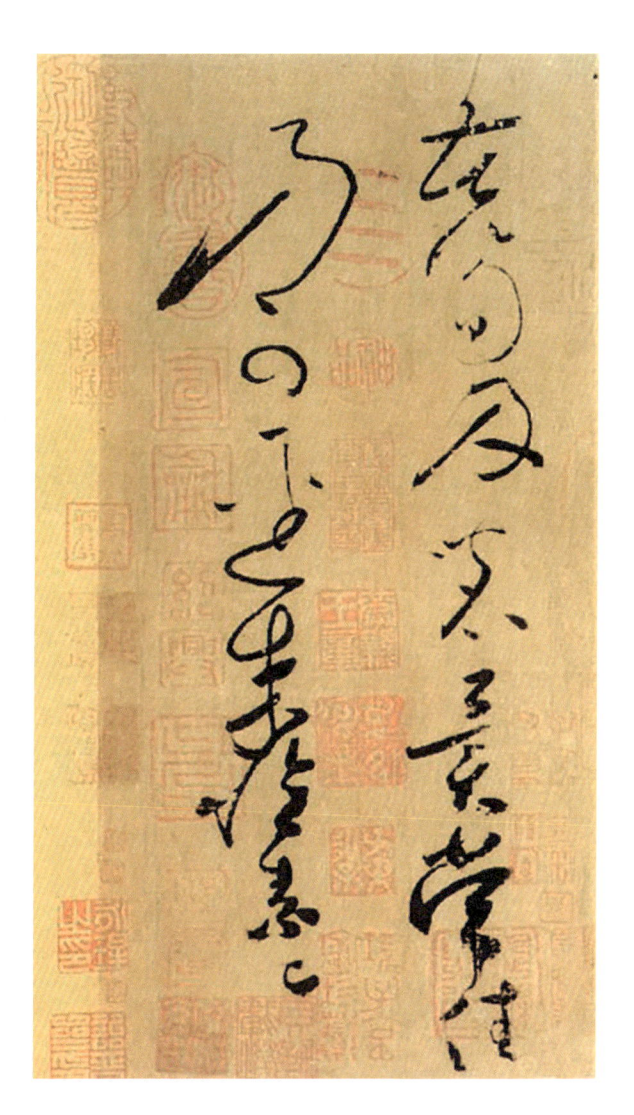

/ 唐·怀素《苦笋帖》，现存上海博物馆

清代有扬州八怪横贯于世。杭州人金农精于隶楷,自创"漆书",书过《述茶》一轴:"采英于山,著经于羽,舛烈芟芳,涤清神宇。"字有金石味,使人不禁想起张岱笔下的日铸茶,"茶味棱棱,有金石之气"。

八怪中以画梅著称的汪士慎,一生追求品尝各地名茶,有"茶仙"之称,自己说:"蕉叶荣悴我衰老,嗜茶赢得茶仙名。"茶魂梅魄浑然一体。

现代书法家中以茶入诗的,首推已故的中国佛教协会前会长赵朴初,他是位大佛家,工诗书,也是爱茶人。诗云:"七碗受至味,一壶得真趣。空持百千偈,不如喝茶去。"这亦是一首佛门偈句,用茶来揭示人生哲理。

茶和书法之所以通融,是因为其有共同抽象的高雅之处,书法在简单线条中求丰富内涵,亦如茶在朴实中散发清香。茶与书法的共同之处,通过兼具茶人与书法家身份的中国文人得以体现,进而对中国人的修养和教化产生了深远影响。

第七节
茶与歌舞

茶歌与茶舞和茶与诗词的情况一样,是由茶叶生产、饮用这一主体文化派生出来的茶文化现象。茶歌舞是从茶谣开始的,茶民在山上采茶,风和日丽,鸟语花香,忍不住就开始唱,唱多了,形成了风格,形成了调子,足之蹈之,手之舞之,变成了茶舞。

明清时,茶市贸易空前繁荣,一些茶叶集散地到处都设有茶坊、茶行。当时人们爱唱的采茶小调与一些民间山歌俚曲,便在作坊里的采茶姑娘中相互传唱,民间卖唱艺人也常到茶行里去坐堂演唱,招待各方茶客,有时也在喜庆日子里到村户人家演唱。茶歌唱多了,就形成了自己的曲牌,如"顺采茶""倒采茶""十二月茶歌""讨茶钱"等,一个调子,任集体或个人重新填词。

在江西武宁这个地方,有一种气势磅礴的大型山歌,叫打鼓歌。一名鼓匠击鼓领唱,众人一边劳动,一边答和,演唱时间长,且有一套约定的程序,这当中有不少属于茶歌,如:郎在山中砍松丫,姐在平地摘细茶,手指尖尖把茶摘,一双细脚踏茶芽,好比观音站莲花。

类似的茶歌,除了在江西、福建外,在其他各省如浙江、湖南、湖北、四川的方志中,也都有不少记载。这些茶歌开始未形成统一的曲调,后来孕育产生了专门的"采茶调",以至采茶调和山歌、盘歌、五更调、川江号子等并列,发展成为我国南方的一种传统民歌形式。当然,采茶调变成民歌后,其歌唱的内容,就不一定限于茶事或与茶事有关的范围了。

采茶调是汉族的民歌,在我国西南的一些少数民族中,也演化产生了不少诸如"打茶调""敬茶调""献茶调"等曲调。例如居住在滇西北的藏族人,劳动、生活时,随处都会高唱不同的民歌。挤奶时唱"挤奶调";结婚时唱"结婚调";宴会时唱"敬酒调";青年男女相会时唱"打茶调""爱情调"。又如居住金沙江西岸的彝族人,旧时婚后第三天祭过门神开始正式宴请宾客时,吹唢呐的人,会按照待客顺序,依次吹"迎宾调""敬茶调""敬烟调""上菜调"等。说明我国有些兄弟民族,和汉族一样,不仅有茶歌,也形成了若干有关茶的固定乐曲。

以茶事为内容的舞蹈,现在已知的是流行于我国南方各省的"茶灯"或"采茶灯"。茶灯和马灯、霸王鞭等,是过去汉族比较常见的一种民间舞蹈形式,是福建、广西、江西和安徽"采茶灯"的简称,在江西,还有"茶篮灯"和"灯歌"的名字,在湖南、湖北,则被称为"采茶"和"茶歌",在广西又称"壮采茶"和"唱采舞"。这一舞蹈不仅各地名字不一,跳法也有不同。一般基本上由一男一女或一男二女(也可有三人以上)参加表演。舞者腰系绸带,男的持一鞭作为扁担、锄头等,女的左手提茶篮,右手拿扇,边歌边舞,主要表现为姑娘们在茶园的劳动生活。

除汉族和壮族的"茶灯"民间舞蹈外,在少数民族中还有盛行盘舞、打歌的,它们往往也以敬茶和饮茶的茶事为内容,也可以说是一种茶叶舞蹈。如彝族打歌时,客人坐下后,主办打歌的村子或家庭,老老少少,恭恭敬敬,在大锣和唢呐的伴奏下,手端茶盘或酒盘,边舞边走,把茶、酒一一献给每位客人,然后再边舞边退。云南洱源白族打歌,也和彝族打歌极其相像,人们手中端着茶或酒,在领歌者的带领下,唱着白语调,弯着膝,绕着火塘转圈圈,边转边抖动和扭动上身,以歌纵舞,以舞狂歌。

在中国的广大茶区,流传着代表不同时代生活情景的、发自茶农茶工的民间歌舞。现在流行在江西等省的"采茶戏",就是从茶区民间歌舞发展起来的。众所周知的《采茶扑蝶舞》和《采茶舞曲》等就是受人们喜爱的代表作。茶区山乡在采茶季节有"手采茶叶口唱歌,一筐茶叶一筐歌"之说。有不少采茶姑娘在采茶时,唱出蕴有丰富感情的情歌。在傣族、侗族的青年男女中,更有一面愉快地采茶,一面对唱着情歌终成眷属的。凡是产茶的省份,诸如江西、浙江、福建、湖南、湖北、四川、贵州、云南等地,均有茶歌、茶舞和茶乐。其中以茶歌为最多。中国现在最著名的茶歌舞,当推音乐家周大风作词作曲的《采茶舞曲》。这个舞以采茶为内容,一群江南少女载歌载舞,满台生辉。

在现代茶空间里,因为茶馆音乐具有一定的特殊性,在坊间就出现了一种茶乐,是专门在茶空间里所放,曲子透着茶的袅袅清香,是非常得茶之神韵的。有的时候,茶空间也放西洋音乐,如克莱德曼的《水边的阿狄丽娜》等曲子。各种各样的趣味在茶艺馆里流行,也算是百花齐放、相得益彰。

第八节
茶与戏曲

茶与戏曲关系极为密切。茶圣陆羽少年时从庙里逃出就跑到戏班子里去,他偏爱扮演逗人取乐的滑稽角色,还写过《谑谈》这篇戏剧论文。茶浸润着中国戏曲发展,历史上茶与戏曲曾是不可分离的唇齿关系。茶，可以说是对所有戏曲都有影响的，但凡剧作家、演员、观众，几乎都喜好饮茶，茶叶文化浸染在人们生活的各个方面，以至戏剧也须臾不能离开茶叶。

中国的戏曲是到元代才成熟的，在那时的戏曲中已有关于茶的场景。到了明代，大约和莎士比亚同期，中国出现大戏剧家汤显祖，他把自己的屋子命名为玉茗堂，他那二十九卷书，统称《玉茗堂集》。他的代表作《牡丹亭·劝农》中，农妇们边采茶边唱："乘谷雨，采新茶，一旗半枪金缕芽。学士雪饮他，书生困想他，竹烟新瓦。"当官的看了也来了兴致，和唱道："只因天上少茶星，地下先开百草精，闲煞女郎贪斗草，风光不似斗茶清。"汤显祖在茶乡浙江遂昌当过县官，在那里写过"长桥夜月歌携酒，僻坞春风唱采茶"的诗行。他写劝农，是有生活基础的。

此时戏台上开始出现一种朴素的服饰，行家称"茶衣"，是蓝布制成的对襟短衫，齐手处有白布水袖口，扮演跑堂、牧童、书僮、樵夫、渔翁的人，就穿这身。

茶与戏曲结合，评弹诞生了，中国曲艺的发展少不了茶在其中的重要作用。评弹艺术以苏州评弹为代表，评弹舞台就是茶馆。评弹艺人所谓的跑码头，就是在河湖港汊间的小茶馆间奔波卖艺。所以可以说，评弹艺术是被茶水孕育出来的。

不仅弹唱、相声、大鼓、评话等曲艺大多在茶馆演出，就是各种戏剧，最初亦多在茶馆。所以明、清时期，凡是营业性的戏剧演出场所，一般统称为"茶园"或"茶楼"，而戏曲演员演出的收入，早先也是由茶馆支付的。如20世纪末年北京最有名的"查家茶楼""广和茶楼"以及上海的"丹桂茶园""天仙茶园"等，均是演出场所。这类茶园或茶楼，一般在一壁墙的中间建一台，台前平地称"池"，三面环以楼廊作观众席，设置茶桌、茶椅，供观众边品茗边观戏。所以，有人也形象地称："戏曲是中国人用茶汁浇灌起来的一门艺术。"

古今中外的许多名戏、名剧，不但都有茶事的内容、场景，有的甚至全剧即以茶事为背景和题材。如在我国传统剧目《西园记》的开场词中，即有"买到兰陵美酒，烹来阳羡新茶"一句，把观众一下引到特定的乡土风情之中。而在茶与戏曲的相辅相成中，中国诞生了世界上唯一由茶事发展产生的以茶命名的独立剧种——"采茶戏"。

所谓采茶戏，是流行于江西、湖北、湖南、安徽、福建、广东、广西等省区的一种戏曲类别，它直接由采茶歌和采茶舞脱胎发展起来，最初就是茶农采茶时所唱的茶歌，在民间灯彩和民间歌舞的基础上形成，有四百年历史了。这个戏种善用喜剧形式，诙谐生动，多表现农民、手艺人、小商贩的生活。

采茶戏不仅与茶有关，而且是茶文化在戏曲领域派生或戏曲文化吸收茶文化形成的一种灿烂文化内容。有出戏叫《九龙山摘茶》，从头到尾就演茶，对采茶、炒茶、搓茶、卖茶、送茶、看茶、尝茶、买茶、运茶，全都作了程序化的描述，20世纪电影界还拍过一部电影叫《茶童戏主》，很受欢迎。

采茶戏在各省每每还以流行的地区不同，而冠以各地的地名来加以区别。如广东的"粤北采茶戏"，湖北的"阳新采茶戏""黄梅采茶戏""蕲春采茶戏"等。这种戏，尤以江西较为普遍，剧种也多。江西采茶戏的剧种较多，如"赣南采茶戏""抚州采茶戏""南昌采茶戏""武宁采茶戏""赣东采茶戏""吉安采茶戏""景德镇采茶戏""宁都采茶戏"等。这些剧种虽然名目繁多，但它们形成的时间大致在清代中期至清代末年的这一阶段。它们不只脱胎于采茶歌和采茶舞，还和花灯戏、花鼓戏的风格十分相近，与之有交互影响的关系。

如果说茶事小说还只是在平面上绘声绘色，那么，茶事戏剧则是立体得栩栩如生。以茶为题材，或者情节与茶有关的戏剧很多。前面我们已介绍过，在明代著名戏剧家汤显祖的代表作《牡丹亭》里，就有许多表现茶事的情节。

在中国传统戏剧节目中，还有不少表现茶事的情节与台词。昆剧《鸣凤记·吃茶》一折，杨继盛趁吃茶之机，借题发挥，怒斥奸雄赵文华。宋元南戏《寻亲记》中有一出"茶访"，元代王实甫有《苏小卿月夜贩茶船》，明代计自昌《水浒记》中有一出《借茶》，高濂《玉簪记》中有一出《茶叙》。清代洪昇则将其富有文化艺术情趣的家庭生活写进杂剧《四婵娟》，成为其中的第三折"斗茗"。又出现了不少表现茶馆生活的戏，比如《寻亲记·茶坊》《水浒记·借茶》《玉簪记·茶叙》《风筝误·茶园》等。当代的著名大戏剧家老舍写过《茶馆》的大型话剧，中国一流的话剧演员把它搬上舞台，演尽了小人物悲怆的一生。

另有大作家汪曾祺改编过一出叫《沙家浜》的京戏，里面有段由女主角阿庆嫂唱的"西皮流水"，可谓"凡有井水处必唱"，把个春来茶馆唱活了："垒起七星灶，铜壶煮三江；摆开八仙桌，招待十六方；来的都是客，全凭嘴一张；相逢开口笑，过后不思量；人一走，茶就凉，有什么周详不周详。"

作为物质形态的茶，自身就是美丽的，而一旦成为一种精神饮品，更是美不胜收。故而，以茶将"琴棋书画诗酒"渗透，一饮而尽，正是人生莫大享受。

第九章 琴棋书画诗酒茶

/《人民画报》1967年的《沙家浜》剧照

第十章

绿香满路
永日忘归

地球上北纬30°左右的地带，正是茶叶生长的绝佳场所。天公造就了茶树生长的地方，它们往往是生态环境十分秀丽的所在，成为人们向往的诗与远方：异地性、业余性和享受性，符合人们利用休闲时间回归自然，体验生活，品味旅程的需求。

第一节
身心游历茶山水

茶旅游，首先是和名山胜景结合在一起的旅游。中国有许多名山胜景，但并非所有的名山胜景都与茶有缘。与茶结合的山水，基本集中在中国南方产茶区，其中有几处特别有名的山川，是和茶紧密结合在一起的，在此"指点江山"，作一神游。

一 武夷山茶之旅

名山出名茶，名茶耀名山，闽北武夷山与武夷茶双绝人寰，著称于世。

武夷山地处中国福建省西北部，在99975公顷的总面积中，分布着世界同纬度（北纬30°左右）带现存最完整、最典型、面积最大的中亚热带原生性森林生态系统；东部山与水完美结合，人文与自然有机相融，以秀水、奇峰、幽谷、险壑等诸多美景，以及悠久的历史文化和众多的文物古迹而享有盛誉；中部联系东西部并涵养九曲溪水源，保持着良好生态环境。鉴于武夷山具有上述突出意义和普遍价值的自然与文化资源，中国政府推荐武夷山申报世界自然与文化双重遗产，武夷山于1999年12月被联合国教科文组织列入《世界遗产名录》，成为全人类共同的财富。

从历史和科学的角度看，武夷山具有突出、普遍价值，不仅能为古文明和文化传统提供独特的见证，而且与理学思想文明有着直接的、实质性的联系，代表性人物朱熹是继孔子之后中国历史上最伟大的思想家、哲学家和教育家，他就长年在武夷山中讲学。

武夷四宝——东笋、南茶、西鱼、北米——当中的南茶正是茶文化的重点景观——大红袍景观。大红袍景区位于武夷山风景区的中心部位、大峡谷九龙窠内。这是一条受东西向断裂构造控制发育的深长谷地，谷地深切，两侧长条状单面石骨嶙峋的九座危峰高耸，分南北对峙骈列。独特的节理发育，使峰脊高低起伏，犹如九条巨龙欲腾又伏。峡口矗立着一座浑圆的峰岩，像一颗龙珠居于九龙之间，高远眺望，势如九龙戏珠，谷地中、丹崖峭壁的上下，劲松苍翠，修竹扶陈，绿意葱葱。久负盛名的"武夷茶王"大红袍就根植在峡谷的底部。区内还有九龙洞、九龙瀑、九龙潭、海螺叠翠、流香涧、清淙峡、飞来岩、玉柱峰、雄狮戏龟等自然景观和九龙名丛园，更有古代的摩崖石刻等如印章点缀其间，构成妙不可言的人文景观。

举世闻名的大红袍，生长在九龙窠谷底靠北面的悬崖峭壁上。这里叠着一大一小两方盆景式的古茶园，六株古朴苍郁的茶树，挺拔精神、枝繁叶茂，距今已有340余年的历史，其成品的色、香、味均在乌龙茶之首，故有"茶中之王"美誉。据民间传说：明朝有一秀才赶考，途经武夷山天心永乐禅寺，忽然重病，考期已近，病尚未愈，心焦如焚。寺中方丈以九龙窠崖上的茶叶为药给秀才服用，病即痊愈。后秀才高中状元，衣锦返乡。为报救命之恩，把钦赐的红袍披于茶树之上，茶叶因此得名。

真实的发现要远远早于秀才中举。武夷岩茶最早被人称颂，可追溯到南朝时期，而最早的文字记载则可见于唐朝元和年间孙樵写的《送茶与焦刑部书》一信。信札写道："晚甘侯十五人，遣侍斋阁。此徒皆乘雷而摘，拜水而和。盖建阳丹山碧水之乡，月涧云龛之品,慎勿贱用之!"

"丹山碧水"是南朝作家江淹对武夷山的赞语,其时崇安县尚未设立,武夷山属建阳县,故信中称"建阳丹山碧水"。由此可知孙樵所送的茶正是武夷山之茶。以"晚甘侯"名茶,其尊贵和浓馥尽在不言之中,"晚甘侯"遂成为武夷岩茶最早的茶名。清时闽北人蒋蘅甚至专为此茶作传,美其名曰《晚甘侯传》。

"晚甘侯,甘氏如荠,字森伯,闽之建溪人也。世居武夷丹山碧水之乡,月涧云龛之奥。甘氏聚族其间,率皆茹露饮泉,倚岩据壁,独得山水灵异,气性森严,芳洁迥出尘表……大约森伯之为人,见若面目严冷,实则和而且正;始若苦口难茹,久则淡而弥旨,君子人也。"此评价不由使人遥想"诗三百",《诗经·邶风·谷风》云:"谁谓荼苦?其甘如荠!"《晚甘侯传》的作者上承《诗经》品格,将武夷岩茶的"茶品"与"人品"合二为一,故而赞曰:"君子人也!"

唐末五代诗人徐寅亦有诗云:"武夷春暖月初圆,采摘新芽献地仙。飞鹊印成香蜡片,啼猿溪走木兰船。金槽和碾沉香末,冰碗轻涵翠缕烟,分赠恩深知最异,晚铛宜煮北山泉。"

游武夷山,品大红袍,数千年诗情画意一叶航之。

二　扬子江心水，蒙山顶上茶

说到西北的茶文化山水旅游，四川的蒙顶山为一时翘楚。"扬子江心水，蒙山顶上茶"，这是咏茶诗文中最为著名的一句。从前的茶馆多拿这句诗作茶联挂在门口。时至今日，在成都、重庆等地的茶馆都还见得到。这副对联也可以说是蒙顶山的镇山之宝，是蒙顶山茶悠久历史与崇高地位的象征。

此联最早出自元代李德载的一首小曲《阳春曲·赠茶肆》："蒙山顶上春光早，扬子江心水味高。陶家学士更风骚，应笑倒，销金帐，饮羊羔。"曲中有典，说的是宋代陶谷得党太尉家姬，遇雪，取雪水烹茶，谓姬曰："党家儿识此味否？"姬曰："彼粗人，安知此？但能于销金帐中浅斟低唱，饮羊羔酒尔！"陶默然。此处的李德载，是把饮茶作为一种雅致高尚而大加赞赏，对不谙茶事的粗鄙行为非常轻蔑。至明代，陈绛《辨物小志》中说："谚云，扬子江中水，蒙山顶上茶。"此联名句已从李德记载的小曲中脱胎出来，形成了脍炙人口的谚语，又被人们用为茶联，得以广泛流传。据记载，郑板桥也曾为他人写过这对名联。由于茶联是一种独特的文学样式，最易为人接受，"扬子江中水，蒙山顶上茶"内涵丰富，意境悠远，所以成为茶联中的上上之品。

唐代诗人白居易也有吟咏蒙顶山茶的著名诗句："琴里知闻惟渌水，茶中故旧是蒙山。"此联出自白居易晚年时期的《琴茶》诗，非常典型地表现了他诗酒琴茶相娱的心态以及对蒙顶山茶、渌水曲的挚爱之情。

蒙顶山在今天四川的雅安，是中国历史上有文字记载人工种植茶叶最早的地方。追溯蒙顶山茶的历史，始于西汉，距今已有两千多年。据说西汉药农吴理真，在蒙顶山发现野生茶的药用功能，于是在蒙顶山五峰之间的一块凹地上，移植种下七株茶树。清代《名山县志》记载，这七株茶树"二千年不枯不长，其茶叶细而长，味甘而清，色黄而碧，酌杯中香云蒙覆其上，凝结不散"。吴理真种植的七株茶树，被后人称作"仙茶"，而他本人也成为第一个被史书记载下来种植茶树的人，被后人称为"茶祖"。

唐玄宗天宝元年（742年），蒙顶山茶即被列为朝廷祭天祀祖与皇帝饮用的专用贡茶，直到1911年清王朝被推翻，长达1164年。唐文宗开成五年（840年），日本慈贵大师园仁从长安归国，在皇帝赠给他的礼物中，就有"蒙顶茶二斤，团茶一串"，蒙顶山茶成为最早的国家礼茶。

蒙顶山素有"仙茶之乡"的美誉。蒙顶山茶是四川蒙山各类

一片叶子落入水中

/ 四川雅安蒙顶山大地指纹

名茶的总称，主要品种有甘露、黄芽、石花、万春、银叶等五种传统名茶，特级绿茶，如各级烘青、炒青，以及各种茉莉花茶、沱茶、南路边茶等，它们都是贯穿于中国茶史的品牌名茶。

蒙顶山茶之所以享有经久不衰的盛名，首先在于得天独厚的自然条件。古籍记载"蒙山上有天幕覆盖，下有精气滋养"，又有宋人吴中复诗云："我闻蒙山之巅多秀岭，烟岩抱合五峰顶。岷峨气象压西垂，恶草不生生菽茗。"蒙顶山由上清、玉女、井泉、甘露、菱角等五峰组成。诸峰相对，形状似莲花，山势巍峨，峻峭挺拔。全年平均气温14.5℃，年降水量2000～2200毫米，常年细雨绵绵，烟霞满山。云雾弥漫的生态环境，减弱直射太阳光，散射光增多，最有利于茶树生长发育和芳香物质的合成。

唐代以后，蒙顶山被封为"圣山"，专门种植贡茶，只有达官显贵才能饮到蒙顶山茶。著名诗人孟郊，官位较低，为向在朝廷为官的叔父索要蒙顶山茶，吟出了"蒙茗玉花尽，越瓯荷叶空……幸为先寄来，救此劣病躬"之诗。刘禹锡对皇朝急催贡茶的做法不满，在《西山兰若试茶歌》中唱"何况蒙山顾渚春，白泥赤印走风尘"，在《效蜀人煎茶戏作长句》中唱"饮囊酒翁纷纷是，谁尝蒙山紫笋香"。

蒙顶山茶作为贡茶，分为"正贡"与"陪贡"。"正贡"茶是皇帝用来祭祀天地、宗庙的，每年在蒙顶山皇茶园采摘。皇茶园始建于唐代，先称贡茶院，后称仙茶园。明孝宗弘治十三年（1500年）正式命名为"皇茶园"。它是用石栏围起的一小片肥土沃壤，位于蒙顶山五峰之间的凹地，因地势低凹，每次遇到降雾天气，此处的雾总是最后散去，因此此处的地理位置和气候是山中最适于茶叶生长的地方，据说也是吴理真选择种植7株仙茶的地方。

每年春茶采摘的时候，地方官择吉祥之日，率领乡绅僧众，祭拜神灵，然后由12名采茶僧（象征一年12个月），在皇茶园采茶。采茶僧沐手、薰香，采茶时每人采摘30个芽头，12人共采茶360芽（象征一年），这些采摘的皇茶将被送往古代僧人专制皇茶的地方——智矩寺加工精制。在智矩寺，僧人们用最传统的制茶方式制茶，他们利用竹剪选裁茶叶，然后焙炒、揉搓成型、摊凉、微火慢焙、摊凉、皇茶入银瓶、装箱盖印，最后交付送茶使者送往京都进贡。

"陪贡"茶则制28斤，只供皇帝享受。这28斤贡茶是在皇茶园外的百亩茶地中采摘的。采摘下的芽头再送往智矩寺，由制茶高僧经过多道工序加工为"陪贡"茶，然后同"正贡"茶一道送往京都。

关于制作蒙顶贡茶的寺庙智矩寺也有一段传说：寺内塑有两条石龙，一条称干龙，一条称湿龙。干龙一年四季朴朴生灰，雨过风吹，浑身无水迹；而湿龙则相反，一年四季龙身含水欲滴，晴天潮湿，雨来前更见湿润。因而老百姓奉干湿龙为"神龙"，智矩寺终年香火不断，也成了蒙顶山古代的"气象台"。

宋代，在蒙顶山结庐修行的禅慧大师在总结蒙顶山茶文化历史的基础上，创立了蒙顶茶技、茶功、茶艺三绝。虽然现在有很多技艺已经失传了，但蒙顶山风景名胜旅游区组织专家学者经数年挖掘、整理后，让失传已久的"龙行十八式""风行十二品"等绝技重见天日。

"龙行十八式"是长嘴铜壶禅茶法，它融传统茶道、武术、舞蹈、禅学、易理为一炉，因每一式均模仿龙的动作，充满玄机妙理而得名。茶技包括神龙抢珠、玉龙扣月、飞龙在天等十八个不同姿势的掺茶动作。掺茶者手提长嘴铜茶壶，时而在头顶飞舞，时而又在腰间盘旋，尔后又准确无误地将茶壶抓在手里，从头顶、从腰间、从肩上、从背后……万无一失地把热茶掺到茶碗里，动作刚健有力，变化多端，将掺茶功夫提升为艺术呈现，让人拍案叫绝。

蒙顶山上现在建立了茶叶博物馆，中外爱茶者，喝蒙顶山茶，读蒙顶山事，观蒙顶山景，更是一绝。

三　西湖双绝·龙井茶虎跑水

江南茶文化旅游，首推杭州。杭州茶文化源远流长，与茶相关的景点众多，著名的有"十八棵御茶"、新西湖十景之一的龙井问茶以及老龙井、虎跑泉、梅家坞、龙井八咏等。

中国杭州的西郊，山峦起伏，林幽树密，美丽的西子湖隔在山的那一边。这里是另一个世界——宁静、祥和、富庶，春天的阳光淡淡地铺洒在这片绿色的丘陵灌木林上，它们，正是被视为茶中绝品的西湖龙井茶。

龙井，是泉名，是寺名，又是茶名。紧靠龙井泉的龙井古寺，现已辟为茶室，春来秋往，茶客如云。追溯着泉水往上走，便来到有"十八棵御茶"的狮峰山宋广福院。因宋代名相胡则葬于庙后，宋广福院俗称胡公庙。寺内有一眼泉井，俗称老龙井。石上刻的"龙井"二字，传说是苏东坡的手迹。明清小品文大家张岱在《西湖梦寻》"龙井"一文中说："一泓寒碧，清冽异常，弃之丛薄间，无有过而问之者。其地产茶，遂为两山绝品。"

使龙井茶扬名于世的，是一个叫辩才的高僧。辩才早年在上天竺出家，晚年想找个清静的地方度过余生，便拄着拐杖，告别上天竺，翻山越岭，来到了狮子峰落晖坞一个破败的佛门小院，这正是今天的宋广福院，从前的老龙井寺。

佛门一向以茶禅为一味，据说正是辩才率领众僧把陆羽赞扬过的天竺灵隐寺的好茶树迁植了过来，开辟了茶园，开始了龙井茶最初的历史。

元代的僧人居士们，看中龙井一带风光幽静，又有好泉好茶，故结伴前来饮茶赏景。17世纪，龙井茶生产渐渐遍及西湖山区。被文人雅士列入了名茶行列，开始名扬天下。但龙井茶的真正驰名中外，当从乾隆盛世开始。乾隆皇帝六下江南，四访龙井，曾经下马胡公庙（即宋广福院），亲封"十八棵御茶"，留下御诗32首，一路造访了"凤篁岭、过溪亭、涤心沼、一片云、方圆庵、龙泓涧、神运石和翠峰阁","龙井八景"从此闻名于世,龙井茶由此奠定了至尊地位。

传说就在此庙前,乾隆皇帝亲自在十八棵茶树上采了嫩叶,夹在书中带回,献给皇太后。皇太后特别中意这些清香且被压扁了的茶叶,便指定龙井为贡茶。据说,这就是龙井茶细巧又扁平的原因,十八棵御茶也由此诞生。

民国期间,龙井茶成为中国名茶之首。20世纪50年代,龙井茶被评为中国十大名茶之首。许多党和国家领导人都曾亲临龙井茶区。尤其是周恩来总理,五到梅家坞,共商建设龙井茶区。50年代初,毛主席访苏,西湖龙井被作为馈赠礼品。70年代美国总统尼克松访华,周总理以龙井茶相赠。

历史上,人们根据五个产地的不同品质划分龙井茶的质量排名,它们分别是狮峰、龙井村、五云山、虎跑、梅家坞,这些地方都是著名的西湖旅游区。今天的西湖龙井茶区,分成二级:狮、龙、云、虎、梅为一级,龙坞、留下、转塘、周浦属于二级,共有茶园1392公顷。

采茶是第一道程序。生产500克特级龙井茶,需要40000个左右的茶芽,需要4个巧手姑娘采上一天。采茶是一道亮丽的风景线。茶好,制茶的手法更要讲究,龙井茶包括抓、抖、搭、拓、捺、扣、甩、磨等十大炒制手法，炒茶也就成了一种可供观赏的艺术劳动。

炒制而成的龙井茶，以龙泉越瓷为器，以虎跑泉为茶水，此时观龙井茶，形如莲芯，冲泡若"雀舌"侯哺、"碗钉"直竖、"鹰爪"倒挂，汇茶之色、香、味、形于一身，集名山、名寺、名湖、名泉和名茶于一体，构成了世所罕见的独特而骄人的龙井茶文化。

都说杭州西湖的茶是品的，其实，它亦是游的，习俗沿袭至今，坐西湖茶室，至今依旧是杭州一项重要习俗景观。龙井乡，茅家埠，梅家坞，两旁茶园特别苍翠，空气中弥漫着特殊的茶香，杭州目前已有一千多家茶楼，构成了茶产业的重要延伸，成为西湖休闲旅游文化的亮点之一。

位于龙井茶区的中国茶叶博物馆，为中国当今最大的茶专业博物馆。近水楼台，龙井茶的研究也在博物馆中占据重要的位置。中国茶叶研究所、中国茶叶博览中心、周总理纪念馆、御茶园、九溪十八涧、龙井八咏……一路行来，绿香满袖……

四 古往今来的茶马古道

中国西南茶文化博大精深，茶文化景观甚多，尤以茶马古道最为丰富。它源于古代西南边疆的茶马互市,兴于唐宋,盛于明清。茶马古道是一个非常特殊的地域称谓,是世界上自然风光最壮观、文化最为神秘的线路,它蕴藏着开发不尽的文化遗产。

茶马古道主要分南、北两条道,即滇藏道和川藏道。滇藏道起自云南西部洱海一带产茶区,经丽江、中甸、德钦、芒康、察雅至昌都,再由昌都通往卫藏地区。川藏道则以今四川雅安一带产茶区为起点,首先进入康定,自康定起,川藏道又分成南、北两条支线:北线是从康定向北,经道孚、炉霍、甘孜、德格、江达抵达昌都(即今川藏公路的北线),再由昌都通往卫藏地区;南线则是从康定向南,经雅江、理塘、巴塘、芒康、左贡至昌都(即今川藏公路的南线),再由昌都通向卫藏地区。

在这两条主线的沿途,密布着无数条大大小小的支线,将滇、藏、川"大三角"地区紧密联结在一起,形成了世界上地势最高、山路最险、距离最遥远的茶马古道。古道上成千上万辛勤的马帮,日复一日,年复一年,在风餐露宿的艰难行程中,用清悠的铃声和奔波的马蹄声打破了千百年山林深谷的宁静,开辟了一条通往域外的经贸之路。

茶马古道原本就是一条人类精神的超越之路。它蕴藏着金沙江、澜沧江和怒江三江并流处的高山峡谷、神山圣水、地热温泉、野花遍地的牧场、炊烟袅袅的帐篷,以及古老的本教仪轨、藏传佛教寺庙塔林、年代久远的摩崖石刻、古色古香的巨型壁画,还有色彩斑斓的风土民情等丰富的自然和人文旅游资源,是自然与人文旅游的一条重要线索,自然界奇观、人类文化遗产、古代民族风俗痕迹和数不清、道不尽的缠绵悱恻的故事大多流散在茶马古道上。它是历史的积淀,蕴藏着人们千百年来的活动痕迹和执着的向往。

茶马古道上,马帮每次踏上征程,都是一次生与死的体验之旅。茶马古道的艰险超乎寻常,沿途壮丽的自然景观却激发人潜在的勇气、力量和韧性,使人的灵魂得到升华,从而衬托出人生的真义和伟大。茶马古道穿过川、滇、甘、青和西藏之间的民族走廊地带,是多民族生养蕃息的地方,更是多民族演绎历史悲喜剧的大舞台,蕴含着永远发掘不尽的文化宝藏,值得人们追思和体味。藏传佛教在茶马古道上的广泛传播,还进一步促进了滇西北纳西族、白族、藏族等各兄弟民族之间的经济往来和文化交流,增进了民族间的友谊。沿途,一些虔诚的艺术家在路边的岩石和玛尼上堆绘制、雕刻了大量的佛陀、菩萨和高僧,还有神灵的动物、海螺、日月星辰等各种形象。那些或粗糙或精美的艺术造型为古道漫长的旅途增添了一种精神上的神圣和庄严,也为那遥远的地平线增添了几许神秘的色彩。

　　以茶文化为主要特点,茶马古道成了一道文化风景线。如今,在几千年前古人开创的茶马古道上,成群结队的马帮的身影不见了,清脆悠扬的驼铃声远去了,远古飘来的茶草香气也消散了。然而,留印在茶马古道上的先人足迹和马蹄烙印,以及对远古千丝万缕的记忆,却幻化成中华儿女一种崇高的民族创业精神。这种生生不息的拼搏奋斗精神将在中华民族的发展历史上雕铸成一座座永恒的丰碑,千秋万代闪烁着中华民族的荣耀与光辉。

第二节
寺院与道观中的茶旅游

　　茶禅一味,既是神游,亦可身游。有一些寺院与道观,与茶文化有着千丝万缕的联系,是茶旅游的重要场所,本书亦在此列举一二。

一　天台山国清寺

　　国清寺位于浙江省天台山南麓,这里五峰环抱,双涧萦流,古木参天,伽蓝巍峨,是中国佛教天台宗的发源地,也是日本和朝鲜半岛佛教天台宗的祖庭。

国清寺创建于隋开皇十八年（598年），是佛教天台宗的根本道场。天台宗弘传日本，与日本遣唐使关系极为密切。唐顺宗永贞元年（805年）日僧最澄带着弟子义真，到达大唐明州（今宁波）海岸，经台州，直登天台山国清寺学佛。次年回国时，带回天台宗经论疏记及其他佛教经典的同时，还带去茶籽。后在日本依照天台国清寺式样设计建造了延庆寺，还在近江台麓山试种茶树，此为日本种茶之始。

中国与朝鲜半岛的佛教的友好交往源远流长，早在南陈时，新罗僧缘光即于天台山国清寺智者大师门下服膺受业，随着天台宗佛教的友好往来，饮茶之风很快进入朝鲜半岛，并很快从禅院扩展到民间。12世纪后，新罗德兴王又派遣唐使金氏来华，其时唐文宗赐予茶籽，朝鲜半岛开始种茶。从此，饮茶之风很快在民间普及开来。

综上所述，国清寺对中国茶叶东传，特别是日本、朝鲜半岛的饮茶与种茶，起过重要的作用。到国清寺一游，可领略真正的茶禅一味的精髓，是茶旅游的上选之地。

二 余杭径山寺

径山是天目山的东北高峰,这里古木参天,溪水淙淙,山峦重叠,有"三千楼阁五峰岩"之称。又有大钟楼、鼓楼、龙井泉等著名胜迹,可谓山明、水秀、茶佳。山中的径山寺,始建于唐代,宋孝宗曾御赐额"径山兴圣万寿禅寺"。自宋至元,有"江南禅林之冠"的誉称。这里不但饮茶之风很盛,而且每年春季,僧侣们经常在寺内举行茶宴,坐谈佛经,并逐渐使茶宴形成了一套较为讲究的仪式,后人称其为"径山茶宴"。宋理宗开庆元年(1259年),日本南浦绍明禅师来径山寺求学取经,拜径山寺虚堂禅师为师。学成回国后,将径山茶宴仪式,以及当时宋代径山寺风行的茶碗一并带回日本。在此基础上,结合日本国情,日本很快形成和发展了以茶论道的日本茶道。同时,又将从天目山径山寺带过去的茶碗,称为天目茶碗,并在日本茶道中使用天目茶碗。至今,在日本茶道表演过程中,依然可以见到当年从中国带去的天目茶碗的踪影。所以,径山寺在中国茶文化东传过程中,曾经起过很好的作用。

三 陕西法门寺

位于陕西省扶风县法门镇的法门寺,以保存佛指舍利而成为当今世界佛教的圣地。佛典和有关资料记载,法门寺始建于"西典东来"的东汉时期,初名阿育王寺,唐代改名法门寺,并进而成为著名的皇家佛寺。其旁的13层"阁楼式"砖塔,即真身宝塔,修建于明万历年间。在经历了375年风雨后,于1981年因雨水浸润而半边坍塌。1987年在重修砖塔、清理塔基时,发现了唐代地宫,从而使珍藏了1100余年的唐皇室瑰宝得以重见天日。在数以千计的供奉物中,有一套唐代皇室使用过的金银茶具,是目前世界上等级最高的茶具。它们均为皇室御用珍品。《物帐碑》载:"茶槽子碾子茶罗子匙子一副七事共八十两。"又从茶罗子、碾子、轴等本身錾文看,这些器物于咸通九年(868年)至十二年(817年)制成。同时,在银则、长柄勺、茶罗子上都还有器成后以硬物刻画的"五哥"两字。而"五哥"乃是唐皇宫对小时僖宗的爱称,表明此物为僖宗供奉。此外,还有唐僖宗供奉的三足银盐台和笼子,由智慧轮法师供奉的小盐台等。这次出土的茶具,除金银茶具外,还有琉璃茶具和秘色瓷器茶具。此外,还有食帛、揩齿布、折皂手巾等,也是茶道必用之物。这批出土茶具,是唐代饮茶之风盛行的有力证据,也是唐代宫廷饮茶文化的集中的体现。

想要了解唐代文化,通过法门寺的宫廷茶器,亦不失一条上佳途径。

四　杭州抱朴道院

浙江杭州秀丽的西湖北岸,有一座小山,名曰葛岭。该山因东晋著名道士葛洪曾在此炼丹修道而得名。葛洪是道教丹鼎派重要的倡导人之一,他开创了中医药领域矿石入药的先河。所以,英国学者李约瑟说:"整个化学最重要的根源之一是中国,化学是地地道道从中国传出来的。"葛洪自号抱朴子,并以名其书,作有《抱朴子》七十卷。抱朴,是道教教义,即保守本真,不为物欲所诱惑,不为世事所困扰,所谓"人行道归朴"。据说葛洪在此山常为百姓采药治病,并在井中投放丹药,饮者不染时疫。他还开通山路,以利行人往来,为当地人民做了许多好事。因此,人们将他住过的山岭称为葛岭,并建"葛仙祠"奉祀之,额题"初阳山房"。元代因遭兵火,祠庙被毁。明代重建,改称为"玛瑙山居"。清代复加修葺,以葛洪道号"抱朴子"而改称"抱朴道院",遂沿用至今。

从葛岭山麓赭黄色穹门入口,拾级经流丹阁,至山腰四角方亭,一路古柏葱郁,清泉低吟,岩上有"人间福地""不亚蓬瀛"

等题刻。再从涤心池拾级而上，便到抱朴庐旧址。

道院坐北面南，前临西湖，背依葛岭。前有砖石构建牌坊，过坊一亭，亭间供塑王灵官护法神像。拾级而上复有一亭，经亭即至道院山门，门额上书"黄庭内景"四字，左右石刻门联"初阳台由此上达，抱朴庐亦可旁至"。门侧院墙宛若两条起伏曲折的黄龙，故有龙墙之称。院内主殿葛仙殿，砖木建筑歇山顶，内中供葛洪塑像，院内存有双钱泉、炼丹台、炼丹井及《葛仙庵碑》一通。炼丹台与炼丹井传为当年葛洪炼丹及用水之迹，而《葛仙庵碑》则是明代万历四十年（1612年）刻立，碑文主要记载了葛洪的生平和在此结庐炼丹的经过及历代道院修建情况。

葛仙殿的东侧有红梅阁、抱朴庐和半闲堂，皆精巧别致，为典型的南方庭院式建筑。红梅阁内有木刻画廊，其中戏曲《李慧娘》的故事十分引人注目。半闲堂是南宋丞相贾似道寻欢作乐的地方。

葛岭顶端有初阳台，为一石砌台阁，是观赏日出的好地方。每当朝阳初升，登台远眺，天空如赤练，旭日如巨盘，沧海变幻，流光溢彩，堪称奇景。古人称此景为"东海朝暾"。初阳台之下有炼丹台，为葛洪安炉炼丹之处。炼丹台旁有炼丹井，是葛洪炼丹所用。水质清洌，久旱不涸。据说此井水流石上，其色如丹，游人视久则水溢，人去则减，其深与江海通。

旧时，葛岭抱朴院与黄龙、玉皇合称西湖三大道院。现为全国对外开放的21座道教重点宫观之一，浙江杭州仅此一座。

抱朴道院与茶的结缘在于，多年来与道院一墙之隔之处一直有家茶楼，道姑常在此接待茶客。而葛岭亦野茶丛生。春天道人们会在葛岭采茶。当地游人习惯了每天早晨拎几只鸟笼来遛鸟，把笼子往树枝一挂，品茗聊天，隔壁就是"闹鬼"的红梅阁，山下就是明珠西湖，道姑们在黄墙内仙乐飘飘，此时品茶，如已得道成仙。

第三节
游走在茶空间中品味

还有一种茶文化旅游，与品茶直接有关，就是逛各地有名的茶馆。这些茶馆发展到今天，大多已具备了茶的综合品位，既有走读和品读的意义，又有旅游和休闲的意义，所以我们把它们统称为茶空间。这些茶空间各有风味，我们不妨放眼全球，选择一些以供各位备选。

一　北京的茶空间

马连道茶城：北京乃至中国甚至全球最大的茶空间，坐落在"京城茶叶第一街"的中心位置，是规模化经营的大型茶叶市场。这里云集着来自全国十几个省市的三百余家茶商，年销售近 3 亿元。除茶叶经营外，还经营茶具、茶工艺品，进行茶道和茶文化传播等。独具特色的经营和规范化的管理，使其在短短 3 年就在全国具有了很强的辐射力和影响力。20 世纪 90 年代初期开始，一些颇有茶文化素质和创业雄心的南方茶商入驻马连道。它以一条崭新的茶街形象出现在人们面前。在茶产业蓬勃发展的同时，大量基于茶文化、茶特色的新生事物也在马连道如雨后春笋般蓬勃发展，形成为街区所专属的文化性商业氛围。

在马连道茶城中，只可能有顾客不认识的茶叶，不会有顾客找不到的茶叶。在茶城中，大大小小的经营场所上千个，即使是在一个小店中，茶叶种类也会有上百种之多。此外，马连道既是著名的京城茶叶一条街，又属交通要道，故是开眼界、纵情茶事的首选。

老舍茶馆：以坐落于北京皇城根儿的老舍茶馆为代表的北方茶空间，能深深地感受老北京的传统文化。老北京传统文化上接皇亲贵族，下接引车卖浆，大而博，张力非常之强。这里古香古色、京味十足！每天都可以欣赏到一台汇聚京剧、曲艺、杂技、魔术、变脸等优秀民族艺术的精彩演出，同时可以品尝各类名茶、宫廷细点、北京传统风味小吃和京味佳肴茶宴。多年来，老舍茶馆接待了近百位外国元首、众多社会名流和数百万中外游客，成为展示民族文化精品的特色"窗口"和连接国内外友谊的"桥梁"。喝着盖碗儿茶、吃着冰糖葫芦和各式老北京茶点、听着戏，这才明白什么是北京。

明慧茶院：明慧茶院在大觉寺。大觉寺又称西山大觉寺、大觉禅寺，位于北京市海淀区阳台山麓，始建于辽代咸雍四年（1068年）。大觉寺以清泉、古树、玉兰、环境优雅而闻名。寺内共有古树160株，有1000年的银杏、300年的玉兰以及古娑罗树、松柏等。大觉寺（玉兰花）与法源寺（丁香花）、崇效寺（牡丹花）一起被称为北京三大花卉寺庙。大觉寺还有八绝：古寺兰香、千年银杏、老藤寄柏、鼠李寄柏、灵泉泉水、辽代古碑、松柏抱塔、碧韵清池。大觉寺深邃幽远静谧，有松柏参天，有玉兰供赏，有古刹巍峨，有残碑忆旧，更有名泉环绕，终年流水潺潺。寺内明慧茶院，既有茶之王者、水之极品，又有大觉寺之静谧佳境。无论是坐于茶室，还是驻足于院中，都能感受到历史之深邃，文化之幽远。

二　成都茶馆

如往西南走，一定要去成都茶馆。四川是中国茶的发源地之一，早在 3000 年前就有关于四川人种茶的记载。而成都作为中国茶馆第一城，说是一座泡在茶碗里的城市一点也不为过！百度地图上搜索"茶馆"二字，成都的茶馆数量居然近万家。坐竹椅、品川茶、听川剧、捶背、净耳甚或打麻将，这里是下里巴人的天下，其中有几家茶馆特别有川味风格。

鹤鸣茶馆：鹤鸣茶馆名声甚大，许多游客往往慕名而来。茶馆位于人民公园内，算是老成都代表性茶馆之一。场子很大，闲适包容，茶座可以摆在坝子上、树荫下、小湖边。夏天到鹤鸣感觉最惬意，清风徐徐的下午随便找个位置坐下，泡杯二十五块钱的碧潭飘雪盖碗茶，在茶香间闲看来往人等，发现成都最平民的一面。

竹叶青论道生活馆：如果要推荐成都本土的特色茶馆，最能体现成都文化特色的竹叶青论道生活馆就当是不二之选了！在生活馆，除了能品到好茶之外，还能感受设计者所推崇的那种禅道的氛围。生活馆 2008 年由世界设计大师陈幼坚担纲设计，整个生活馆都在体现和静清寂的茶道精神。所以要感受禅茶三味，首推这个清雅的生活馆。在这里你所品的不仅仅是一杯产自峨眉山的好茶，更是在体味一种看似平常却雅致随性的成都味道。

彭镇老茶馆：双流彭镇老街的老茶馆，最原始也最时尚，是摄影师们的乐园。每到赶集的日子，早上6点到中午时分，茶馆里人山人海，当地的老爷子们都喜欢在这喝茶打牌，年轻人也经常到这里找感觉。老茶馆至今还保留着20世纪五六十年代的装潢风格，墙上还留着只属于那个年代的壁画。地上已经积了很厚的欠脚泥，部分地方形成拱起的小包。垒的是七星灶，煮的是三江水，来的是八方客，喝的是粗茶水，个中滋味，品者自知。老茶馆的主人坚持数十年一成不变，结果把传统熬成了先锋。

三　杭州茶空间

到江南，那么杭州茶艺馆是一定要去领略一下的。品一盏青瓷龙井，文人雅士韵味无穷。

湖畔居：坐落在西湖边的湖畔居茶楼，三面环山，一湖碧波尽收眼底，有"湖畔品龙井，人在天上行"的美誉。茶汤口感很好，茶香四溢，入口回甘，最有名的当数龙井茶。湖畔居用的是天下第四泉的虎跑泉水，水味清而甘，把茶的香、茶的甘衬托到了极致。在这里不仅可以品尝到虎跑泉水冲泡的特级龙井茶，还可以品尝到各类名茶百余种和精心制作的茶点。

青藤茶楼：位于古朴典雅的江南庭院。走进青藤茶楼，藤质桌椅、木栅花窗、明式茶桌，无不渗透出古朴典雅的江南庭院氛围。可以约好友漏夜长聊，也可以静静欣赏茶艺、琴艺表演。茶楼是自助式的，除了铁观音、普洱茶之外，各种小食如鸡翅、鸡爪等都十分美味。各个包厢也别具特色，和式包厢的清静平和、四合院包厢的浓郁京味、江南小筑的古色古香，都让人沉醉流连。

安缦和茶馆：顺着杭州灵隐寺入口的那条路沿着半山坡向深处一直走，到永福寺入口处，右手转弯，就是法云村落。等你看到一只一米多高的巨大竹鸟笼时，安缦和茶馆也就到了。"悄然坐落、遁世恬淡、静绝尘缘"，安缦和茶馆犹如一名隐士，深藏在"桃源"深处。砖墙瓦顶，土木结构，有着不动声色的朴素。茶楼的门一般都是半开着，屋子不大，里面的一切都是主人的珍藏，历代的茶具、佛像、青瓷……走进安缦和茶馆，仿佛穿越了时空，身处于另一个世界。

大大的橱柜，各式的茶具，每个橱柜左边都是茶叶样本，主人很用心地说明茶叶的产地、品性等。橱柜上面陈列配套的这种茶适合的器皿，很多都是主人定制的，着实花了不少心血。走过这橱柜是个回廊，同样的还是橱柜，不过都上了锁，主人说这些都是熟客的茶具,每人自己保管钥匙,来的时候用自己习惯的茶具泡自己最爱的茶叶,又是一种别样的回家的感觉。

四 广州茶楼

至于到了广州,岭南茶文化的精华部分,在早茶中便淋漓尽致地传递出来了。这里的茶点似乎比茶还重要,游客带着嘴和肚子,让你们品味一个够。广州有个说法叫"叹早茶","叹"是享受的意思,在广东人心中喝早茶是一种享受生活的方式和文化。老一辈人犹爱,一壶茶喝一早上。这传统还是从清咸丰同治年开始流行的。1757年乾隆下令推行"一口通商",广州由此汇集了全国的茶和瓷器。接触得多,而且不愁资源。百姓纷纷爱上喝茶和吃茶点。

广州有几家老茶楼,是不能不去的。

陶陶居:广州现存最古老的茶楼,是清朝光绪六年(1880年)开设的茶楼,位于闹市中心,大楼上下,人声笑语,热闹非凡,走进大厅,真有陶然之感。马路边的柱上刻着当代书法家秦咢生手书民国时征联的典雅长联,还有栩栩如生的浮雕显出这老字号的大家气派。陶陶居的名菜不少,如猪脑鱼羹、五彩鲜虾仁、姜葱炒肉蟹、西湖菊花鱼、手撕盐焗鸡、片皮挂炉鸭、云腿

第十章　绿香满路永日忘归

/ 广式茶楼陶陶居

爽肚、雪里藏珍等。因为陶陶居的早茶点心价格便宜，出品优良，性价比高，且建筑极具广州风情，充满西关特色，因此是很多外地人甚至本地人品尝地道广州美食的首选。

莲香楼：1889年，在古老的广州城城西一隅，一间专营糕点美食的糕酥馆开业了，这就是莲香楼的前身。遍布广州的莲香楼其实都是卖月饼、糕点之类的，只有上下九的这家保留传统，供应早茶。据说莲香楼所有重要人选，均以"忠诚俭朴"见称，而且全部都选自谭新义手下的得力职工，这是莲香楼之所以成功的最重要一招，因此一生为莲香楼服务的老工人不少，甚至有一家两代人都为莲香楼服务的。

点都德：点都德是提到广州早茶文化时不得不提的一家百年老店。讲喝早饮茶，广州人十有八九都会选择点都德，再加上现在点都德连锁店在广州各个区几乎都有，去也是十分方便。特别是点都德的红米肠十分出名，外表糯韧内里酥脆，是一道十分值得品尝的广式茶楼点心。

第四节
一叶茶舟绕全球

随着中外茶文化的交流互渗,国际有关饮茶大国也呈现出本民族富有风味的茶空间,我们在此不妨亦作一简单的介绍。

一 日本茶道的游学空间

日本茶道的游学空间是旅游与游学爱好者最想去的地方,我们选择典型的几个地点进行介绍。

大德寺:大德寺创建于日本镰仓年间(1319年),位于今日本国京都市北区,是日本禅宗文化的中心之一,其中尤以茶道文化而闻名。1474年,81岁的一休宗纯接受后土御门天皇诏令,担任大德寺第47任住持,此后尽心于重建大德寺。1481年,大德寺重建工程大体竣工,一休也因操劳过度而病逝,享年88岁。寺内至今保存着一休大师的遗墨。寺内共有22座塔头,拥有茶室、园林、门画等多数文化财产。一休弟子茶道之祖村田珠光曾在此拜师修行,从而开启了大德寺与茶道的渊源。村田珠光弟子为武野绍鸥,武野绍鸥弟子为千利休,千利休为日本茶道集大成者,据说千利休当年曾捐款予大德寺重建山门"金毛阁",僧人为表感激,将他的雕像置于门庭,这让丰臣秀吉大为震怒,认为天皇与将军须从千利休胯下走过,大逆不道,这成了千利休被赐死的原因之一。因此今天爱茶人前往大德寺,多会在金毛阁前为千利休默祷凭吊。

密庵:密庵来历,与中国宋代一位高僧密庵咸杰有关。咸杰禅师俗姓郑,号密庵,福州福清人,宋代丛林巨擘,余杭径山第二十五代住持。咸杰禅师得的是圆悟克勤的真传,修的是《碧岩录》,奉行"茶禅一味"精神,积极在径山推行《禅苑清规》,明确并强化了僧人日常要遵守的礼仪礼制。如接人待客时煎茶点汤亦要遵守茶规茶礼,径山特有的茶宴就此形成。咸杰禅师留下《径山茶汤会首求颂》:"径山大施门开,长者悭贪俱破。烹煎凤髓龙团,供养千个万个。"1179年六十二岁时,他在径山寺不动轩居处写就《法语·示璋禅人》,纹绫绢本,行书体,共26行289个字,这是咸杰禅师赠给随侍的璋禅人的警示法语,也是现存唯一的咸杰禅师墨迹,现珍藏于日本京都大德寺龙光院,是日本的国宝。

日本禅宗史上,发脉于圆悟克勤的法嗣谱系,传去日本后形成日本茶道的雏形。从咸杰禅师开始,代代相传八世后,到一休宗纯,再到日本茶道的开山鼻祖村田珠光——日本茶道的先导者武野绍鸥，终于传至日本茶道之集大成者"茶圣"千利休居士。此墨宝传到日本后，被视为神物一样的存在，千利休曾致信给其弟子瓢庵，叮嘱如何装裱。千利休的弟子吉田织部亦有一位天才弟子小堀远州，对日本的茶道和造园艺术都产生了深远的影响。由他创立的茶道，称为远州流。小堀远州是日本历史上一位非常了不起的艺术家，江户时代初期著名茶人兼造园名匠，而密庵作为一座禅茶室，其创造者正是千利休的这位再传弟子，大德寺龙光院内的"密庵席"就是他指导建设的。因小堀远州欲悬挂咸杰禅师墨迹于茶席中供瞻礼膜拜，特将横幅手卷改成立轴。但裱成后幅度太宽，没有任何一间茶室的床间（和式茶室为挂画和陈设装饰物品而略将地板加高的地方）能放下，为此大德寺龙光院重建了书院里茶室，密庵亦由此诞生。量其宽幅特制床间，此即是享有盛名的"密庵床"，由此龙光院中的茶席同时被称为"密庵席"。

在禅宗"继承衣钵"的传教方式的影响下，大多数日本僧人在回国时都要带回师父的肖像画及茶碗。由于径山寺属天目山脉，又称天目山径山寺，这些建盏就被日本人命名为"天目茶碗"。至今依然可以见到当年从中国带去的天目茶碗的踪影。宋元流入日本的天目茶碗不计其数，有三只完美如天物的曜变天目茶碗，如今被列为国宝，其中一只"破草鞋曜变天目"就被珍藏在京都的大德寺龙光院密庵。

待庵：山崎市"妙喜庵"的茶室，又名待庵，是一座独立的建筑。天正十年（1582年）丰田秀吉在天王山打败明智光秀叛军后，在京阪交通要地山崎筑城，并委托千利休建造茶室，这就是待庵。

待庵是日本茶道宗师千利休所创建的草庵风格的茶室，也是千利休唯一留下来的茶室，是一座只有两张半榻榻米大小的喝茶之所。狭小的茶室，让宾主之间的距离甚至比不上人类心理上舒适的社交距离。故在待庵中主客只能坦诚相见，无法掩饰。也正因如此，一切举止都必须得宜完美，不得轻疏，这与其说是喝茶，毋宁说是修行。比如茶室的入口不是门，仅仅是一个大一点的"蔺口"，无论是皇亲国戚还是寻常百姓，凡入其门，皆需屈膝卑躬钻进，当年丰臣秀吉等也不例外。茶室门口有刀架，武士视为生命的刀到此必须解下。入口和刀挂这两样设计，在无形中透露出千利休所期待的世界：人活着，坐只需半张榻榻米，睡只需一张榻榻米，如此而已。从此观念看来，待庵算是宽敞舒服了。在严禁装饰的茶室中，只准放两种东西，简单的插花和禅意的茶挂。当你弯下腰，钻进茶室，一抬头，在空无一物的空间

/ 待庵的入口不是门，仅仅只是一个大一点的"蔺口"

里，只见到一朵花，而有一点阳光，洒在花瓣上，旁边是一句简单的禅语书法，这是利休心中一种无须说明即可感受的禅意，一切尽在不言中。

建仁寺：12世纪的南宋时期，两度远赴中国学习佛法禅宗的日本高僧荣西禅师，回国后不仅开创后来成为日本禅宗主流的临济宗，同时也从中国带回茶种广为栽培，还将宋代风行的"点茶法"，以及禅院茶宴与抹茶制法，传回镰仓幕府时代的日本。1211年著作《吃茶养生记》一书，于1214年连同茶品一起呈献予当时苦于宿醉之疾的镰仓幕府三代将军源实朝,荣西因此被尊为"日本茶祖"。

1202年建于京都洛南的建仁寺,就是临济宗建仁寺派的大本山,开山者当然为荣西禅师。历经800年悠悠岁月的洗礼,建仁寺依然是许多爱茶人必游的朝圣之地。寺内纪念荣西禅师的"茶碑"一旁的《荣西禅师显彰碑铭》,记述了禅师生平及将茶引进日本的简史。碑文第一句:"茶,养生之仙药,延龄之妙术"即引自《吃茶养生记》的卷首文。

三千家:一代宗师千宗易,不仅先后担任织田信长及丰臣秀吉的"茶头"(事茶人),当时的正亲町天皇还御赐千利休"居士"封号,被尊为"日本茶圣"。尽管千利休后来因得罪丰臣秀吉,而于70岁之龄遵命切腹而殁,但茶道并未因此没落,反而经由他的孙子千宗旦发扬光大。千宗旦将千利休质朴、静寂、诚挚待客的茶道彻底化,并明确提倡"茶禅一味",奠定了千家茶道屹立不摇的基础。

千宗旦将千家家宅连同茶室"不审庵",交由三男千宗左继承,成为本家的"表千家"。自己则与四男千宗室另建"今日庵"茶室,今日庵由于位在街道里侧,而被称为"里千家"。加上次男千宗守创立的"武者小路千家","三千家"传承至今。

如庵：如庵是织田信长的胞弟、知名大茶匠织田有乐斋创建的茶室。织田有乐斋从年轻时就师从千利休，是"利休七哲"之一。69岁时，他从政务中隐退下来，对京都建仁寺中一处僧人的隐居场进行了改造，做成了茶室如庵。如庵精美的设计和独特的世界观被盛赞，1936年被指定为国宝。1972年被移建至现在的地方，周围有有乐斋建造的被指定为重要文化遗产的旧正传院书院、根据古图复原的元庵等，形成了名为"有乐苑"的庭园。有乐苑是春天的樱花和秋天的红叶都极美的名园。茶室如庵内部在春季和秋季对外开放。

一保堂：京都至今仍还有传承三百年的老茶行"一保堂"，从德川幕府第八代将军吉宗时代（1717年）创立至今，因"从一而终保持茶的美味"而闻名于世。远自丰臣秀吉统一日本开始，京都二条到五条之间的鸭川右岸，就有栉比鳞次的茶屋兴起，至今每年五至九月份，还会架起一长列的高台，这就是夏日限定的"鸭川纳凉床"或称"川床"。各式风格的料理店、居酒屋与茶屋，从黄昏开始亮起万家灯火，与左岸错落的建筑相互辉映。不仅可在露天茶座欣赏两岸风景，岸边更有无数游人或情侣在草地上品茶、漫步或聊天。这里便成了所有茶人前往京都必亲自体验的地点。

一片叶子落入水中

/ 如庵是茶匠织田有乐斋创建的茶室

二　英国茶室

英国是一个不产茶的饮茶大国，英国与茶相关的休闲旅游景点，多在各地的茶屋。英国人喜欢在那些云淡风轻的午后，挑一个安静的茶屋，陷入软绵的沙发里，或是坐在植物映衬的窗边，闻着整个店铺漫溢着的诱人香气，听爵士乐响起，把茶斟上，将心静下，慢慢等待太阳落山。没有清晨的匆促，没有深夜的迷离，只有在慵懒惬意中才会发觉即使是一个人的下午茶时光也足够美丽。

利兹酒店（Hotel Ritz）：伦敦利兹的下午茶和"蒂芙尼的早餐"齐名，是老派不列颠贵族奢华生活的代名词。从吊灯帘幕到骨瓷茶具，每样都古典奢华到极致，而老派的贵族名媛也时常流连于此。他们在钢琴和竖琴的乐声中，一边品尝经典的英伦下午茶，也一边回忆着那曾经的辉煌。

福南梅森百货（Fortnum & Mason）：号称"女王店铺"，在这里能买到顶级的英国皇家茶。"Tube Charing Cross"茶屋因维多利亚女王曾来这做过客而享誉世界。当然让我们着迷的不仅是私家订制的香槟下午茶、生日下午茶，还有贴心为素食者和糖尿病人提供的专门套餐。

克拉里奇酒店（The Claridge Hotel）：在英国茶叶协会评选中，这里提供的英式下午茶，被选为"英国最佳英式下午茶"。克拉里奇最为著名茶品是以草莓、柳橙以及仕女伯爵茶所调制的热饮，令顾客赞不绝口，就连英国王子、政界要员、名流骚客都对它的下午茶情有独钟。

萨伏依酒店（The Savoy）：最传统的萨伏依酒店曾操办过英国女王伊丽莎白二世的加冕晚宴，实力非凡。萨伏依酒店的下午茶优雅高贵，是唯一一个保留"茶舞"传统的地方。在那架传统的白色钢琴舒缓的奏乐声中享用经典的下午茶，会让你感受到那百年不变的贵族风范。

曼德维尔酒店（The Mandeville Hotel）：别具一格的是下午茶仅对男士们开放。这里除了提供独特美味的茶和甜点外，还精选了男士们喜欢的游戏，男士们能一边玩游戏一边享受下午茶。

朗庭酒店（The Langham）：从1865年起就有了下午茶传统，为伦敦第一家提供下午茶的酒店。2010年还获得英国茶叶协会颁发的"伦敦最佳下午茶"奖。阿萨姆、滇红和黄山毛峰成了英式下午茶最受宠的茶品。

雅典娜酒店（The Atheneum）：英国茶叶协会认为雅典娜酒店的下午茶最有诗意，"代表了伦敦下午茶服务的最高标准"。

顾客在超过260种绿色植物的"活墙"下享用伯爵、大吉岭、阿萨姆和中国白毫等任意茶品，再配上传统的英式手工三明治、新鲜出炉的橙花烤脆饼等美味点心，共享美好的下午。

沃尔斯里酒店（The Wolseley）：这家装潢优雅高贵气派，单纯在里面坐下已经是种享受，更何况这里的食物是非常美味的，被众人视为伦敦最好的早餐和下午茶。

克拉里奇酒店（The Claridge Hotel）：克拉里奇的下午茶被英国茶叶协会评为年度"伦敦最佳下午茶"。无与伦比的服务和诱人的下午茶品吸引着全球各地的旅客，就连亚洲的品茶专家都纷纷慕名而来。他们不仅沉醉在瑰丽宏伟的艺术建筑中，更沉醉于克拉里奇下午茶的杯光碟影间。

三　俄罗斯的中国茶庄

位于莫斯科米亚斯尼茨卡亚街19号的中国茶庄，建筑具有中国古典建筑风格，是莫斯科重要的历史建筑物之一。这座令人称奇的中式建筑建成于1896年，至今已有一百多年的历史，为几代莫斯科人所熟知。

中国茶庄得以建成与中国晚清时的总理大臣李鸿章有关。当时李鸿章作为皇帝特使来到俄罗斯出席沙皇尼古拉二世的加冕大典。为此,富甲一方的"别尔洛夫及其子孙们"茶叶商行的创始人谢尔盖·瓦西里耶维奇·别尔洛夫邀请建筑师卡尔·吉皮乌斯来设计建造这座建筑,该建筑在1895—1896年完工。别尔洛夫希望东方风格的建筑能够吸引中国贵客,以达到与清朝茶商和官员达成利润丰厚的茶叶交易的目的。李鸿章来后虽没有下榻于此,但别尔洛夫的中国风格建筑依然轰动了整个莫斯科,茶庄因此家喻户晓,为主人带来了丰厚的利益。

建筑分为三层,第一层为茶庄,专门出售产自中国的茶叶。由于茶庄在莫斯科享有极高的知名度,因此历经时代风云的茶庄始终没有停止出售茶叶和咖啡。

建筑师卡尔·吉皮乌斯在设计中体现了中式的风格元素。一部分内部装饰由来自中国的工匠制作而成,比如用来装饰茶庄大厅的1.5米高的瓷花瓶,绘有手工刺绣的中国男女画像壁挂。茶庄建筑外部有不少中国烧制的瓷砖和其他一些装饰物。整座建筑物的顶端是一座小型宝塔,塔楼的每层都装饰有铃铛,这些铃铛可以随风响动,奏出美妙的乐曲。茶庄建筑的正面有很多装饰,用来装饰窗户和阳台的栏杆是用不会被腐蚀的锌合金制成。大楼外立面的浮雕上刻着"茶""咖啡""可可""水果"等字样。

第十章　绿香满路永日忘归

/ 19世纪中国茶庄的内部

四　土耳其茶旅游地

土耳其是产茶大国，更是饮茶第一王国。所以在土耳其可以游茶山，也可以游茶室。我们在此专门介绍一下"土耳其的香格里拉"——里泽。

里泽是位于土耳其东北部黑海沿岸港口城市，一个小海湾畔，为农产品转运港。这里湿润多雨，土壤肥沃，非常适宜茶树生长。茶园分布在海岸线旁的群山上，大部分为肥沃的坡地。放眼望去，大片大片的茶园如梯田般布满青山，圆圆的低矮茶树像绿色蘑菇般蔓延无尽，高处云绕青峰，采茶人若隐若现，于山间劳作。里泽的红茶外观呈黑褐色，汤色为暗红，香气平顺且带有甜香。每年的5—10月是当地的产茶季，年产量约为15万吨，占土耳其茶叶消费总量的70%。

在里泽可以逛茶叶种植园，再找一家茶庄坐坐，品尝一杯经典的红茶，听茶匙碰撞茶杯发出的叮当声，让时间慢慢流逝。走的时候也不要忘了带几包茶叶做手信。还可以去附近的山上散散步，在山上俯瞰整个港口美丽的景色，到古城墙那里转一转，感受历史的沧桑。

里泽拥有丰富的旅游资源，在登萨河谷有溪流和冰川湖，在卡奇卡尔山国家公园可以近距离观测鸟类和野生动物，这里还有

8条徒步旅游路线,是旅游爱好者的天堂。

在土耳其,茶馆几乎遍布每一寸土地。无论是大城市还是小城镇,只要是有人烟的地方,就有茶馆、茶摊。因爱茶而产生了一个特殊的职业——送茶人。在城市,随时随地可以看到提着茶盘,来回穿梭在迷宫般的大街小巷的送茶人,不断地吆喝着:"刚煮的茶!刚煮的茶!"整条街都能听到茶匙与茶杯碰撞的清脆响声。

别有情趣的是,任何时候你想要喝茶,只要打个手势,茶馆的服务员就心领神会,立即手托一个精致的茶盘,上放一杯热茶和方糖,来到你身边,对你热情地说一句"Afiyet olsun!"(祝你有个好胃口!)。

除了茶馆和流动的送茶人,在一些车站码头,还有专门卖茶的商人。他们穿着漂亮的民族服饰,一手提着个很大的热水瓶,一手拿着一次性杯子,遇到想喝茶的客人,他们就熟练地倒上一杯晶莹红亮的热茶。

苏莱曼清真寺旁边的凹陷庭院,是一个可以喝茶抽水烟的地方,价格非常便宜,当地的大学生常去,很有特色。

茶室是土耳其人消闲、交际与松弛身心的好去处,每回华灯初上时,大大小小的茶室,便坐满了人——他们不是分桌坐的,而是团团地围了一个圆圈,肩并肩、膝连膝,好似一个大家庭般坐在一起,嗑瓜子、喝红茶,又谈又笑,亲密而又温暖。店主呢,坐在客人当中,听闲话、说笑话。

远方的客人一走进茶室,不待开口,热气腾腾的茶,咸香适口的瓜子,便被热情地送到面前来。有些茶室,为了吸引更多的顾客,各出"奇招"——有的在茶室里装置一台电视机,让茶客们看世界杯足球赛,茶客们又看又喊,喉咙干涩,红茶喝了一杯又一杯。有的在茶室里备有水烟,光顾者多数是老一辈的土耳其人,他们一边吸着水烟,一边摸着皱纹麇集的脸,想当年,话当年。也有一些店主在茶室里设了牌局,让年轻的土耳其人能在一天的辛苦过后,以玩牌作为松弛身心的消遣,借以吸引熟客天天上门。

在宁静的小乡镇里,土耳其茶室,是名副其实专门卖茶的。泡茶者把晶亮的茶倒在玻璃细杯里,再放在铜质小碟上,连同两块方糖一起捧给顾客。茶的种类很多,除了惯见的红茶外,还有各种各样的水果茶,诸如葡萄茶、橘子茶、苹果茶、杏子茶等,不过当地人爱喝的还是单加糖、不加奶的红茶。这样的一小杯茶,10～30里拉(合2～6元人民币)。不过由于杯子容量小,单喝一杯是不够的,至少必须喝上两三杯才能过瘾,也才能止渴。

综上所述，我们已知，在可以产茶的地方，城郊乡间茶园成片，茶馆密布，游客在游玩间隙品茗畅谈，尽可了解当地的人文历史和自然景观，得到莫大的心灵享受。而在各国各地，无论是产茶地还是非产茶地，人们都可以在寺庙、道观、茶馆享受到茶文化旅游的妙处。从中可知，茶业、茶文化与旅游业之间存在着不言而喻的联系。发展旅游业可向古老的茶业、茶文化注入新鲜血液，使之焕发青春；而茶业、茶文化的兴盛又可以大大丰富旅游生活的内容，进而推动旅游业的进一步发展。茶在这里，既是品的，亦是游的，品游结合，其味无穷。